万物有问题

较高端人类的奇怪知识

较高端人类 —— 绘著

北京日报出版社

C O N T

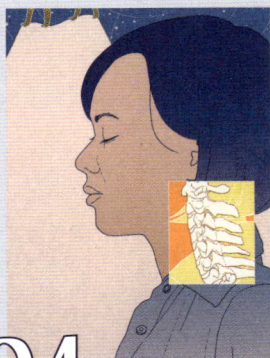

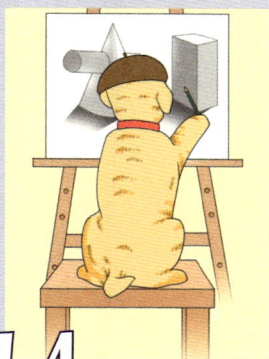

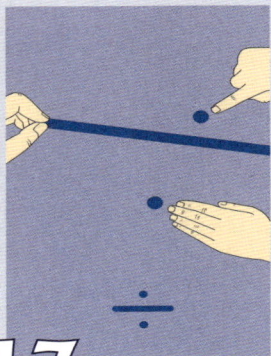

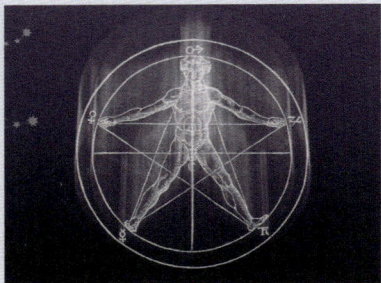

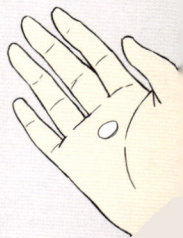

爱上一个人的时候，体内会发生什么反应

『你再不来，我就要下雪了。』

我遇到了一个让我下雪的人。

英国小说家赞格威尔说：
"一见钟情是唯一真诚的爱情，稍有犹豫便就不然了。"

一见钟情
到底是什么感觉？

英文里有个单词
叫"crush"，

意思是"压碎，碾压，压垮"。

这是一个粗暴的词语，
但它作为名词，还有迷恋的意思。

I had a crush on her.

扑咚

扑咚

翻译过来就是：

我曾短暂地、热烈地，但又羞涩地
喜欢过她。

宛若行走于高原时被雷电击中。

Crush之所以能这么用，
可能是因为很久以前，
也曾有人体会过那种感觉。

心跳被扰乱，
甚至呼吸骤停……

研究表明，
当看到喜欢的人时，

人的情绪高涨，
肾上腺素分泌增加，
瞳孔会放大45%，

会让你的大脑以为
眼睛在说喜欢。

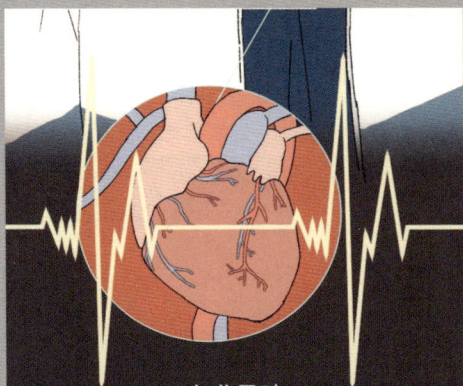

与此同时，
心跳也会加速，
每分钟的心跳将会增加
30～50次。

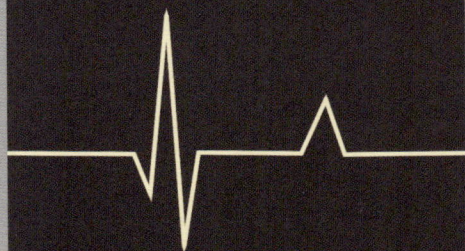

这就是所谓的怦然心动，甚至是小鹿乱撞。

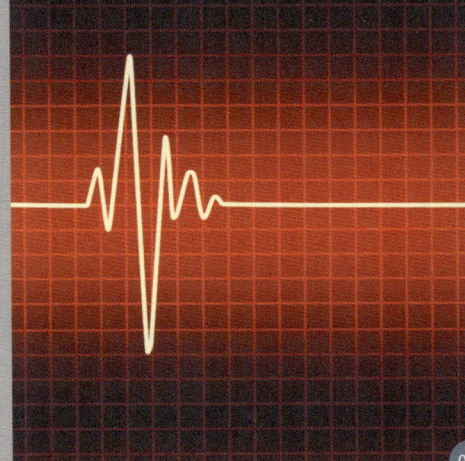

只是随着年龄的增加，
这种感觉将会变得愈来愈稀少。

但无论是瞳孔放大还是心跳加速，
都是喜欢的表象。

毕竟，心跳过快可能导致生命危险。
甚至有人说，每分钟心跳超过100次，
会比每分钟心跳60次的人少活13年。

大脑才是心动的源泉。

也就是说，
每一次心动，
都在拿生命做代价。
（缩短寿命的说法并没有科学依据，
听听就好。）

在大脑深处有个
区域叫作前脑岛，

当你想要表达
爱意的时候，
它就会被激活。

而与它对应的
另一个区域叫作
后脑岛，

当你感受到
性冲动的时候，
它就会被激活。

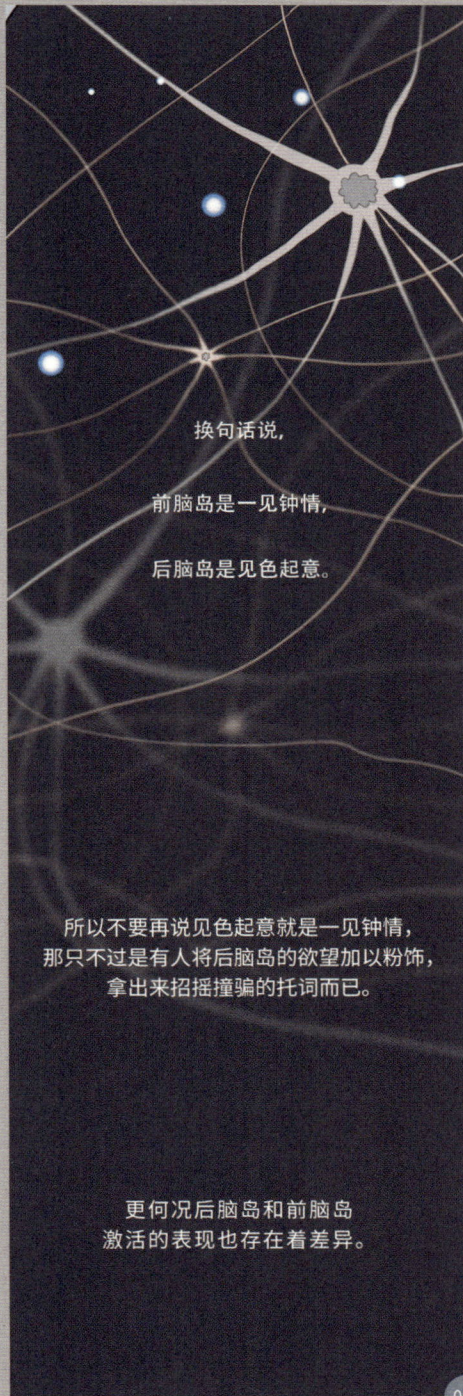

换句话说，

前脑岛是一见钟情，

后脑岛是见色起意。

所以不要再说见色起意就是一见钟情，
那只不过是有人将后脑岛的欲望加以粉饰，
拿出来招摇撞骗的托词而已。

更何况后脑岛和前脑岛
激活的表现也存在着差异。

有人找了一组大学生，
让他们分别看自己"想要交往"
和"想要有亲密接触"的人的照片，

结果发现，

当大脑感受到爱意的时候，
眼睛会不由自主地
看向对方的脸。

而当对方感受到的是欲望，
眼睛则会不由自主地
看向对方的身体。

性

爱

你喜欢身材好的
还是颜值高的？

身材好的！

原来你对我只是见色起意！

你喜欢身材好的还是颜值高的？

颜值高的……

嗒

所以我身材不好咯？

多学点知识，
打人的理由也可以多样点。

所以如果你想知道有人是爱你，
还是只想占有你，请注意看他的眼睛。

可爱情从来都不是简单的事情，
就算一见钟情也并不意味着朝朝暮暮。

一瞬间的激情，

只是火花。

一旦烧光，
留下的只有灰烬。

从心理学来讲：人有着
追求新奇刺激的倾向。

从神经学来讲：维持激情的
神经递质不可能永久保持下去。

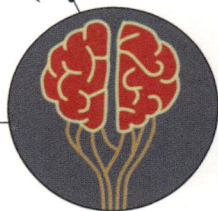

更何况朝朝暮暮
本身就是违背进化论的。

从进化论来讲：生物需要
更广泛的交配来扩散自己
的基因。

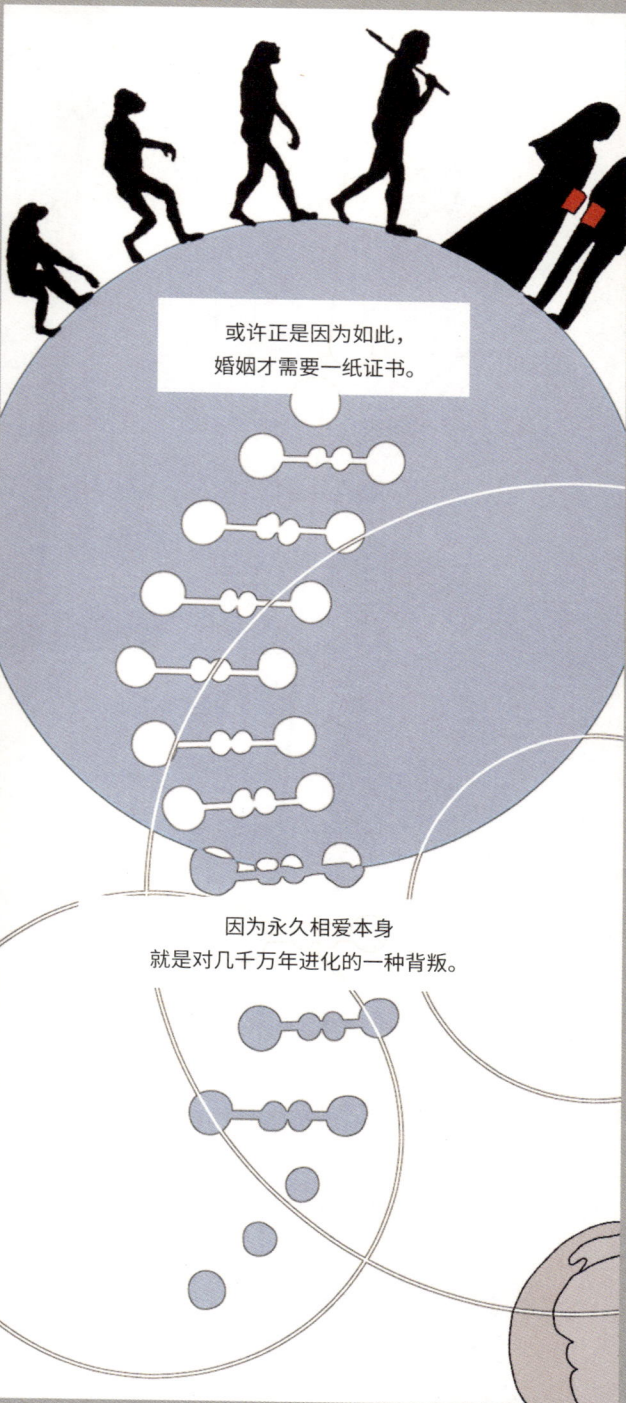

或许正是因为如此，
婚姻才需要一纸证书。

因为永久相爱本身
就是对几千万年进化的一种背叛。

不过，爱是一种奇怪的东西。

它会把途经的一切都碾碎。

再顶尖的大脑，
在爱情的疆域也会失效。

爱得久了，
连身体都进化出了叛徒，

那就是催产素。

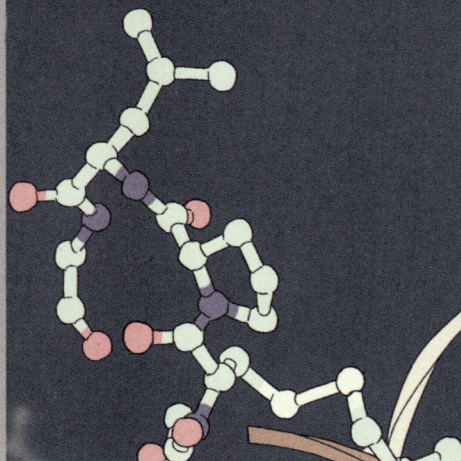

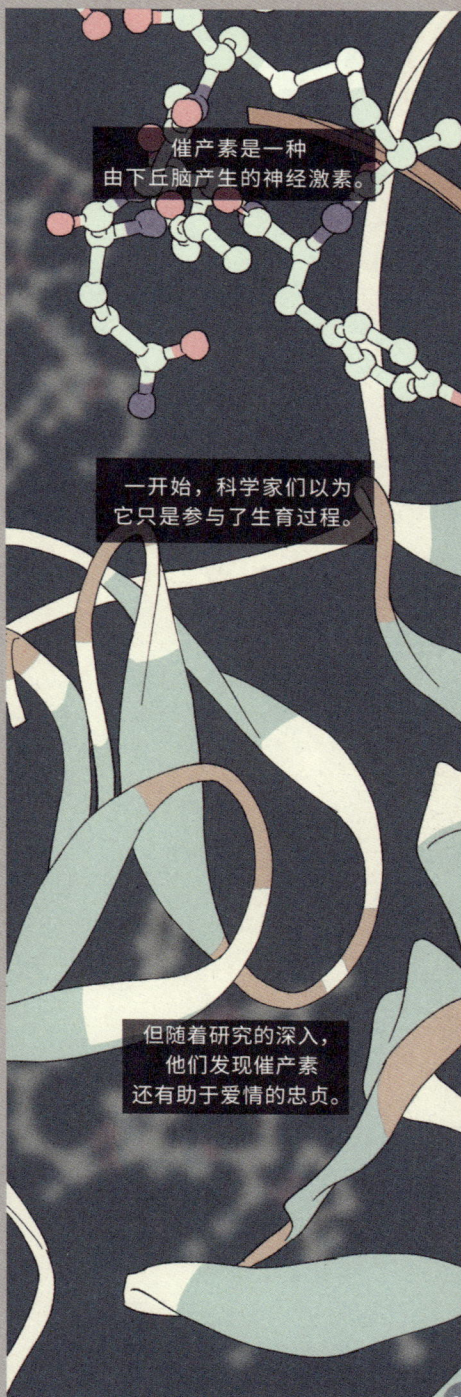

催产素是一种
由下丘脑产生的神经激素。

一开始，科学家们以为
它只是参与了生育过程。

但随着研究的深入，
他们发现催产素
还有助于爱情的忠贞。

恋人们体内的催产素
远远高于"单身狗"们。

并且，催产素会使人对伴侣以外的
一切异性失去兴趣。

如果将催产素注入动物身体内，

原先乱交的动物
就会开始选择一个终身伴侣。

之所以会有"渣男"，
可能就是因为他催产素分泌较低。

或者，
人家根本就是在用后脑岛（欲望）
和你谈恋爱啦！

同时，催产素会让人
产生亲密接触的欲望。

当你真的
喜欢上一个人的时候，

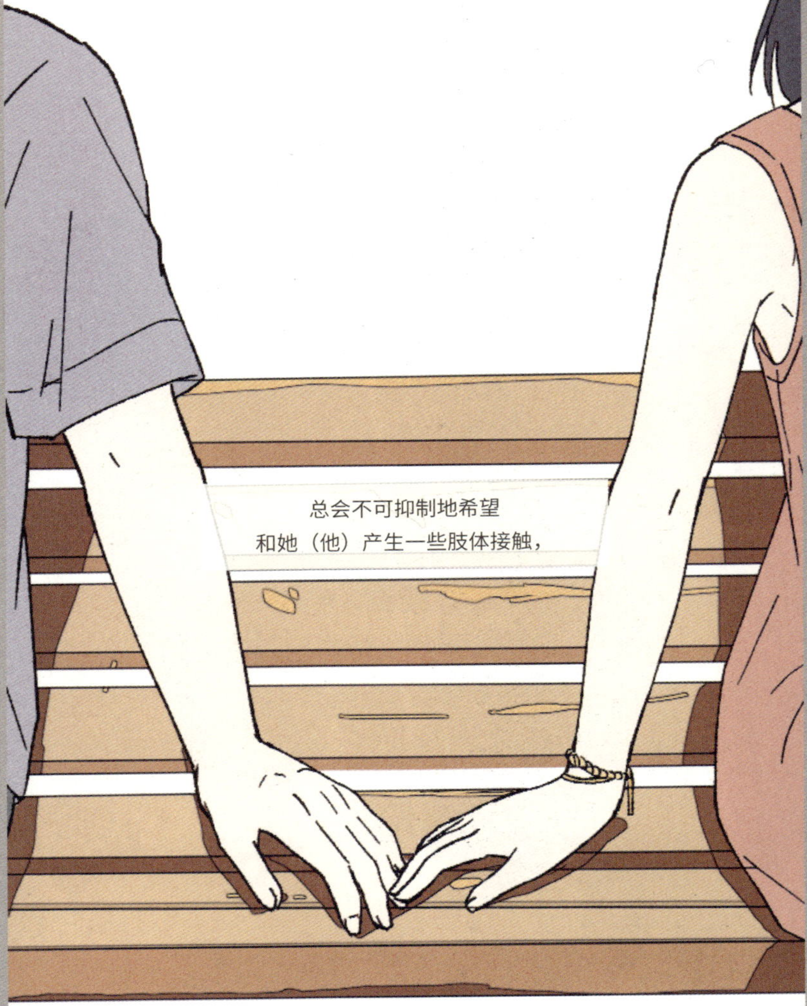
总会不可抑制地希望
和她（他）产生一些肢体接触，

身体有时候
比我们的心更诚实。

但更重要的是，
催产素的分泌是比较稳定的。

眼神的对视、牵手、拥抱
或者其他举动，
都会促进催产素的分泌，

而这可能
就是所谓的日久生情。

女性的催产素水平
一般会高于男性。

催产素

所以下次要抱抱的话，
可以将催产素这个理论
甩在他的脸上。

如果说
一见钟情是一场火花，

那么催产素
就是一潭沼泽，

慢慢将人吞噬。

一次不经意的肢体接触。

一个眼神。

我不是慢热，
而是催产素需要积累。

一次擦肩而过。

生命只是时间中的一个停顿。

一切意义
都只在它发生的那一时刻。

当你爱一个人的时候，

就应该说出来。

不要等。

我来啦！

有事吗？

我要下雪了。

I had a crush on you.
我曾短暂地、热烈地，
但又羞涩地喜欢过你。

没有……

人死后48小时内，身体会发生什么变化

他死了，
让我们把时间拨回48小时之前。

每当一颗子弹落下，

我不爱你了

就有一个天使找到了翅膀。

在死亡来临之前，
会有一个濒死期，
或者叫挣扎期。

心脏慢慢无力跳动，
呼吸节奏急促起来，
耳朵慢慢变得冰冷，
体内血液转为酸性。

濒死期有长有短，
取决于死亡的原因。

直到全脑功能不可逆的终止，
便是被医学定义的脑死亡。

抑郁

家庭

工作

不理解

霸凌

排挤

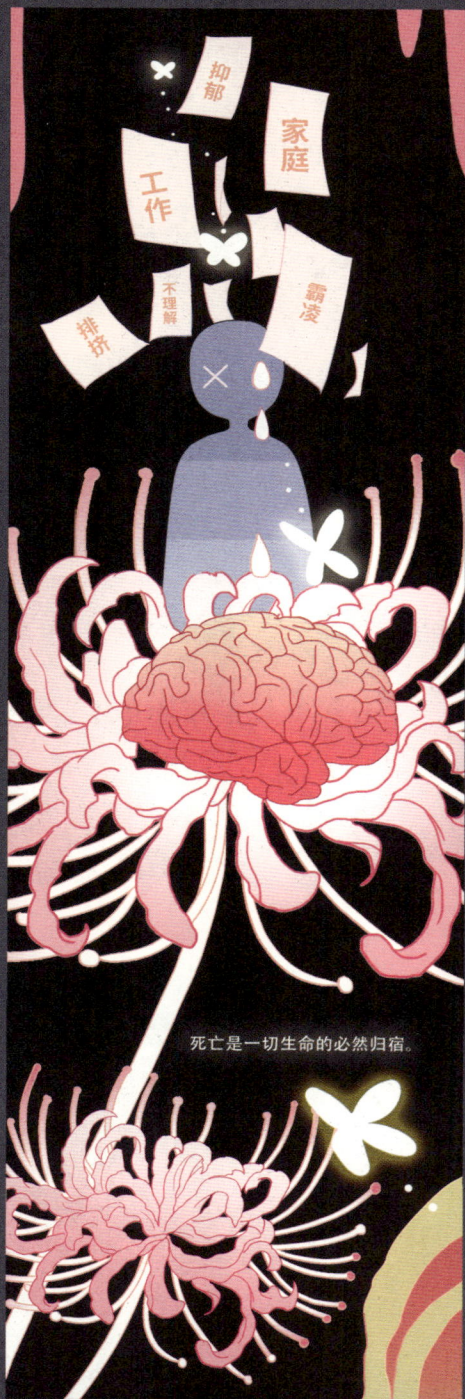

死亡是一切生命的必然归宿。

对于死亡，
古人赋予过许多浪漫的意境。

吴王夫差之女紫玉
为爱愁郁而死。

当她再度现形时，
夫差想拥抱她，
她却化作一缕青烟，
消散得无影无踪。

自那之后，
"紫玉成烟"
便被用来形容少女逝世。

但我等终是凡人，

身死不能真的成烟。

当意志消亡，
肉身是免不了的溃烂。

当心脏停止跳动

血液开始在身体底部沉积，
凝结的血液会导致皮肤变色，
松弛的肌肉会使大小便失禁。

死后4~5分钟左右

瞳孔放大失去光泽，
好像你的双眼已经飞离远去。
这是因为心脏的停息使体内
没有了血压。

眼睛从球体慢慢变平。

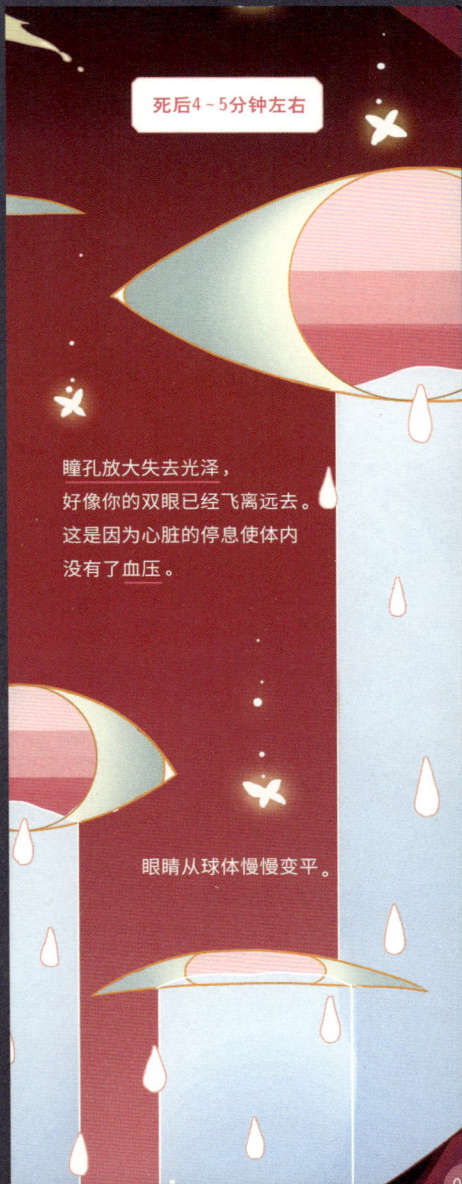

身体的肌肉就会变得僵硬，
这是早期尸体现象之一。
法医会通过其程度推算死亡时间。

同时尸僵会导致头发竖立，
看起来就像头发长长了一样。

有人说人死后
由于体内含有钙质
头发和指甲，会继续生长，
这完全胡说。

指甲看起来长长了的
原因是缺水导致皮肤萎缩，
指甲慢慢突出。

与尸僵类似的一种现象叫做尸体痉挛。

它是指人在临死的那一瞬间
肌肉强硬收缩
将肢体固定在临死的姿势。

而战死沙场的武士会屹立不倒。

这就是为何自杀者会握紧刀柄。

为何溺死之人会握紧水草，泥沙。

沉积的血液就会形成尸斑，
这些斑痕开始是云雾状，
到后来就会逐渐氤氲成块。

倘若尸体处于水中，
在压力作用和水流的作用下
尸斑就不易形成。

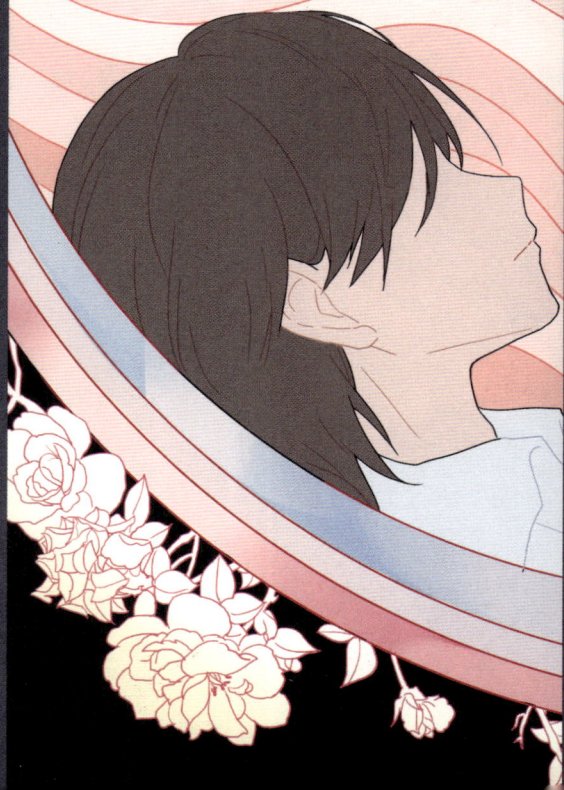

大约也是在这个时间段，
如果死者是以站立或俯身的姿势死去的男性，
可能会出现人生最后一次坚挺。

这种现象被称为"盎格鲁人欲望"。

但让其坚挺的不是欲望，
而是死后心脏停止工作，
血液被重力掌控，
流向了身体的最低处。

24~48个小时后

尸僵现象开始缓解，
身体重新变得柔软，
但消逝的生命却不会回归。

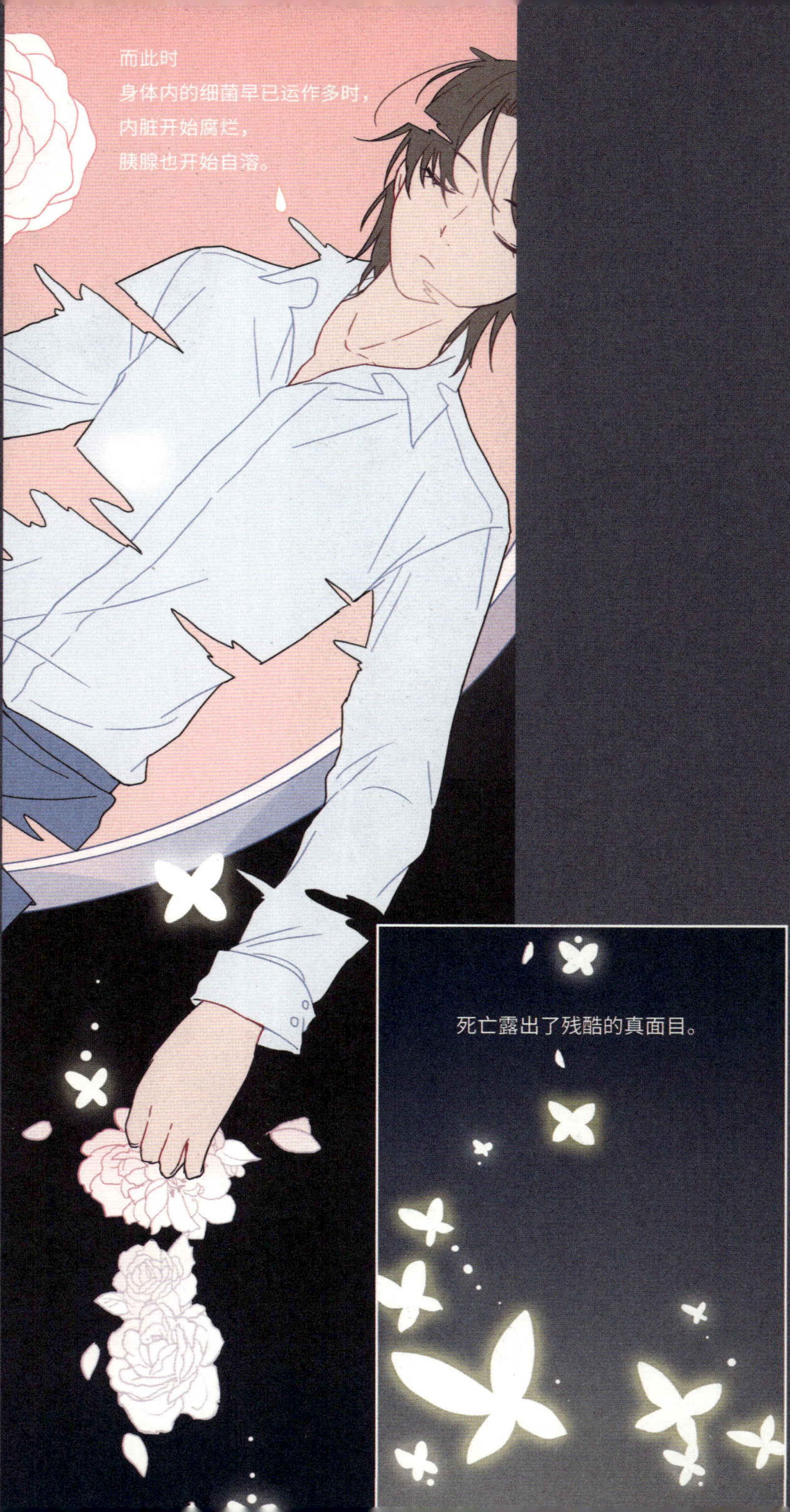
而此时
身体内的细菌早已运作多时，
内脏开始腐烂，
胰腺也开始自溶。
死亡露出了残酷的真面目。

如果花开不会谢，人间何曾有化蝶？

不过尸体腐烂的时间不是固定的，
这一过程很容易受到环境的影响。

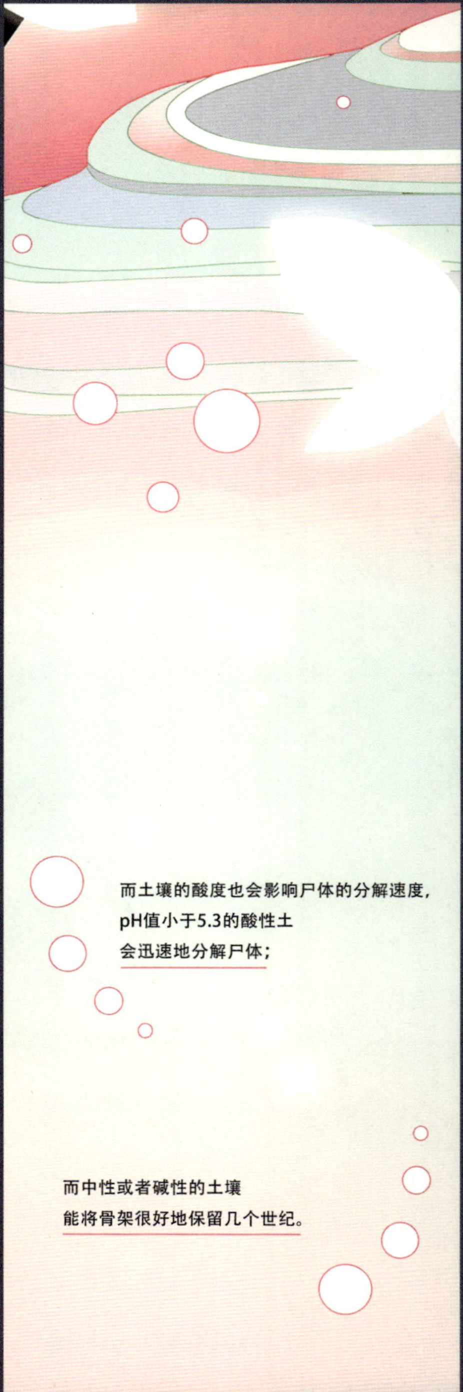

而土壤的酸度也会影响尸体的分解速度，
pH值小于5.3的酸性土
会迅速地分解尸体；

如果尸体暴露在空气中，
它的分解速度是浸入水中的2倍，
是埋入土中的8倍。

而中性或者碱性的土壤
能将骨架很好地保留几个世纪。

同时，尸体的腐烂速度
和周围环境的温度息息相关。
夏天，尸体一天后就可能出现尸臭。

而被冰雪覆盖的
珠穆朗玛峰上，
至今还保存着
无数登山者的尸体，

宛如一座属于攀登者的天然金字塔。

随着腐烂程度的加剧,
尸体会开始浮肿,
血液从口鼻中流淌出来。

当腐烂扩散到全身,
尸体内充满了腐臭气体,
会出现腐败巨人观的现象。

当一切尘埃落定,
尸体就会开始白骨化。

毛发、指甲脱落,
最后只剩下骨骼。

有些仇怨任凭死亡
也不能一笔勾销。

这世上终有狠人，
伍子胥就敢掘墓鞭尸。

还好楚平王是土葬，
给了伍子胥肆意发挥的空间。

除了土葬，
还有其他墓葬习俗。

藏族就有天葬的传统。

水葬，也是比较古老的葬法。

风葬，又称为露天藏，
是鄂温克族和鄂伦春族古老的丧葬方式。

还有火葬。

高僧圆寂火葬后会留下舍利子。

而我们火葬后只是成灰。

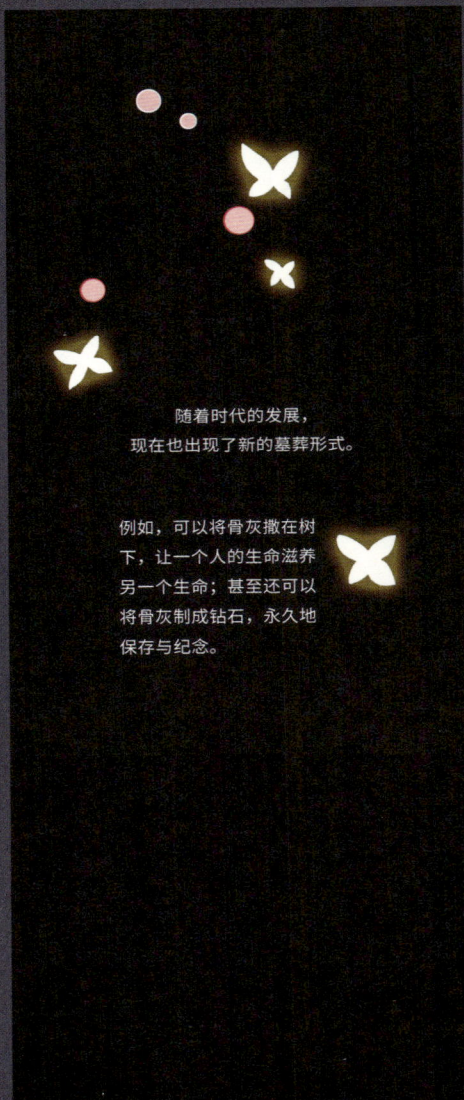

随着时代的发展，
现在也出现了新的墓葬形式。

例如，可以将骨灰撒在树
下，让一个人的生命滋养
另一个生命；甚至还可以
将骨灰制成钻石，永久地
保存与纪念。

人从自然中来，最后也要到自然中去。

但这并不代表生命毫无意义。
就算树叶凋零了，
也会滋养土壤。

江水干涸了，
也会有泥沙沉积。

尘归尘，土归土。

我们活着，
就是不断地给这个世界留下礼物，

不断地改变这个世界。

或是一次小小的善意，

或是一次为他人留下的美好记忆，

或是一次在细雨中奔跑，

在季风送来的海洋湿气里留下自己的痕迹。

让我们能永远活下去，

死亡则是最后一次赠予，是对世界的最后一次改变。

永远活在我们的礼物中。

而这，正是我们好好活着的理由。

我们拉的屎
都去哪儿了

截至2018年，
全世界有75.94亿人，
如果每人每天拉500克便便，
那么人类社会每天可生产380万吨便便。

如果一列火车有60节车厢，
一节车厢装45吨便便，
那么需要1407列火车才能拉完。

如果把这些便便堆在
两个足球场那么大的空地上，
堆成正方体，会堆300米高；
如果堆成圆锥形，
那么高度还要上升几百米。

但在现实生活中，
便便们不可能以这样
高调的姿态出现在我们的视线中。
当它们脱离你的身体，
就进入了一个被设计好的流程。

在一通黑箱操作之后，
便便就永远消失在
我们普通人的视线内，
没有人知道它们究竟去了何方。

今天就让我们一探究竟，
我们拉的屎都去哪儿了？

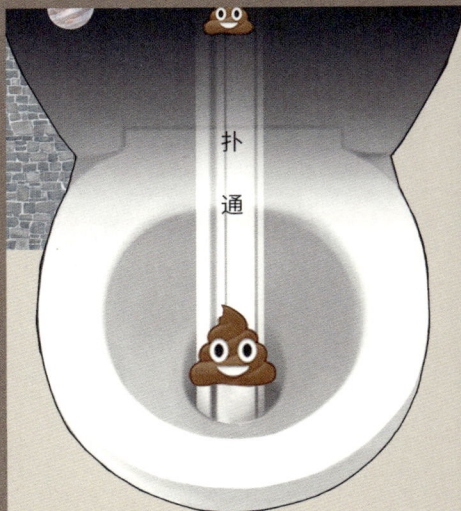

扑

通

在你家，
便便落到马桶，按下冲水键，
引发排污管道的虹吸效应，
将便便和水吸入污水网。

在污水管道内，
便便一通横冲直撞，
落到修建好的
化粪池中。

化粪池，顾名思义，
就是对人产生的
废水和便便
进行处理的地方。
每个小区都会按照
相应的规模建造一个
化粪池，以供存储
居民的便便。

一般来说，
化粪池分为三层：
第一层占总容量的60%，
剩下两层各占20%。

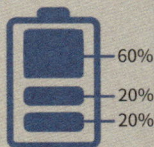

60%

20%

20%

便便首先会在第一层进行分解，
块状或粒状的粪渣沉积到最下面，
糊状的粪皮漂浮到最上层。

而中间部分则是澄清的粪液，
这一部分的细菌
和寄生虫卵最少，
它们会顺着粪管流入第二层，
进一步发酵分解。

当粪液在第二层发酵并进入第三层后，
各种细菌和寄生虫已经被消灭得差不多了。
这个时候就会顺着管道进入污水处理厂，
在污水处理厂经过净化形成可再次利用的中水。

这些中水一般会被用于厕所冲刷、
道路清洁等方面，
被人类榨干剩余价值，
然后回归到自然界的水循环。

但这个时候被处理掉的只是粪液，
还有大量的粪渣污垢在化粪池中残留。
如果放任不管，
化粪池的空间就会越来越小，
最后化身粪球炸弹，爆体而亡。

而且就算没有这些粪渣，
在粪便分解的过程中
也会产生大量的甲烷和二氧化碳，
也就是我们常说的沼气。

小区写着"污"的井盖，
下面一般就是化粪池。
井盖上的小口，就是用来排出沼气。

不过这些小孔很容易堵塞，
大量的甲烷无法排出，
在里面积累，
一旦遇到微火就会引发爆炸，
其冲击力之大，
任何材质的井盖都挡不住。

啊
啊
啊
啊

1957年，
美国进行了一次核武器实验，
其冲击力让一枚井盖的速度
达到了24万千米/时，
这大约是地球逃逸速度的6倍，
太阳系逃逸速度的3倍，
现在这枚井盖已经失踪，
很可能已经飞出了太阳系。

沼气的威力在古代就被预见了。
古罗马人的信仰中有一位"下水道女神"，
用来保佑他们如厕时不会发生爆炸，
那种死法让人不仅没了命，还丢了面子。

所以为了化粪池的长治久安，
最短3个月，最长1年，
就会有人开着化粪车对化粪池进行清理。

化粪车首先会戳破化粪池
那层又厚又硬的浮渣板块，
接着将内部搅拌均匀，
把粪便抽取干净，
然后运送到附近的粪便消纳站。

在这里，粪便首先会被固液分离。

液体进入排水管，
在脱水机内被进一步分离处理，
液体中的粪渣沉淀留下，
剩余的滤清液就交由污水处理厂。

滤清液

粪液中的固体则会被挤干水分，
这些粪便或者被当作垃圾填埋，
或者被高温处理，
或者经过一系列加工做成绿色肥料。

根据粪便所在城市的不同规模
和不同技术水平，
这些粪便都会得到无害化处理，
但这个无害化的前提是
建立完善的粪便处理网络，
并采取有力的措施。

2017年
中国城市一共清理了1719万吨粪便，
其中被无害化处理的只有不到50%，
这意味着有900多万吨粪便下落不明。

?

900万吨

而且那被处理过的50%
大部分也仅仅是进行了填埋，
并没有进行合理化利用。

在19世纪40年代，
纽约还是座散发着恶臭的城市，
到处都是堆积的粪便、垃圾
以及上千头肆意徘徊的猪。

god bless you

经过了180多年的发展，
西方工业国家已经形成了公厕污水、
粪便合并处理的系统，
大部分西方国家
是没有化粪池这一"中间商"的。

但是由于我国人口众多，
便便产量远超大部分西方国家，
而且污水处理系统
和粪便处理技术都不够完善，
所以在粪便无害化处理和利用上
落后了西方一大截。

仔细想想，
中国 14 亿多人口，
每天就会产生 70 万吨便便，
如果能得到合理的使用，
可以转化为多少肥料、
变成多少电力啊！

谁不希望自己拉的屎
能为祖国的繁荣富强做出一份贡献呢？

有的人活着，

颈椎却已经死了

据统计，我国颈椎病的发病率接近20%。
有些人活着，颈椎却先死了。

在大多数人的印象中，颈椎病是上了年纪才会得的"老年病"。

实际上，30岁以下的颈椎病患者占比接近四成。颈椎病成了年轻人必须面对却一直忽视的问题。

先不要急着说
自己的颈椎没问题。

有时候突然头晕，
你以为只是低血糖
或贫血。

有时候记不住事，
你以为只是一时粗
心大意。

有时候睡眠不好，
你以为只是自己喝
多了奶茶。

其实很有可能
是你的颈椎出现了问题。

颈椎是脊椎的一部分,
其诞生历史可以追溯到
4.5亿年前的脊椎动物。

为什么那么多脊椎动物,
只有人类容易得颈椎病?

人类的颈椎共有7块
椎骨,可别小看了
这7块骨头,
它们撑起了你重达
3~5千克的脑袋。

颈椎由椎间盘和韧带相连,
形成向前凸的生理弯曲。

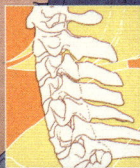

记住了,颈椎本来就是弯的,
直的颈椎才是真正的病变。

颈椎不仅由骨头和关节组成,
还有肌肉、神经和血管等。
这些组织支撑着头部,
让脖子能够灵活运动。

听起来人类的颈椎足够完美,
但是再好的颈椎也顶不住进化
带来的压力。

进化是一件需要
漫长岁月沉淀积累的事情,
人类显然有些操之过急。

毕竟从爬行到行走
的进化,可是经历
了上亿年。

而古猿学会直立行走，仅仅花了几百万年的时间。

这就导致人类的某些器官没有完全适应直立行走。

例如，颈椎。

人类直起身走路后，颈椎不仅需要承受整个头部的重量，还要单独承担转动头部的任务。

虽然人类的理论寿命能达到150岁，
但衰老主要是从脑部开始的。
脑的衰老导致各种激素分泌降低，
整个身体的新陈代谢功能下降。

作为头部和身体的连接部分，
一旦颈椎出现问题，就可能会压迫动脉
导致供血不足，从而加速衰老，
而这仅仅是颈椎问题的冰山一角。

颈椎病还会带来头晕恶
心、注意力不集中、记
忆力衰退、胸闷心悸、
消化不良、肢体疼痛等
不良反应。

劲椎病还影响吞咽、视力、听力、
甚至导致中风、手脚麻木、
猝倒、高位瘫痪。

颈椎病的成因主要有两个：
退行性变和慢性劳损。

退行性变，就是
随着年龄增长导
致的器官衰老。

这就是上了年纪
的人更容易得颈
椎病的原因。

衰老无法避免，但是
慢性劳损我们完全可
以应对。

首先要做的是减
少日常生活中的
不良行为。

改变不健康的坐姿、
站姿和看手机的姿势。

据统计，一个人平均每天
看600次手机。
每次低头对颈椎都是消耗，
低头的角度越大，
颈椎承受的力量就越大。

当头部的重量有5千克，
你只是轻微低头30°的时候，
颈椎相当于承受了18千克的重物。

平时在工作、生活中，
一定要避免长时间低头。
更不能躺着看着手机。
一定要保证脊柱的挺直。

使用电脑时，尽量
平视或者仰视5°～10°，
伏案一两个小时后就要
休息5分钟。

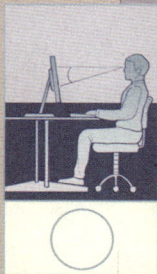

更要注意枕头的选择，
虽说高枕无忧，但其实
枕头只需要和肩膀一样
高就足够了。

有的人年纪轻轻就
得了颈椎病，不得
不向生活低头。

有的人早早听了
生活的劝告，远
离病痛与折磨。

自己选吧！

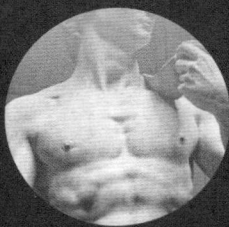

人类的阴茎骨

为啥消失了

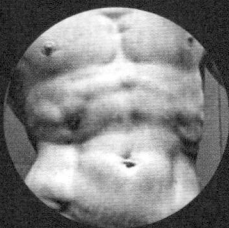

如果你是上帝，会怎么设计人类？

或许，你会设计——
完美的五官、
完美的头颅、
完美的身体和器官。

但我们的身体真的那么完美吗？

答案是否定的。
我们的身体不仅不完美，
还充满了进化残留的种种痕迹，
甚至是"低端缺陷"。

再来审视一遍我们的身体。

从头部开始。

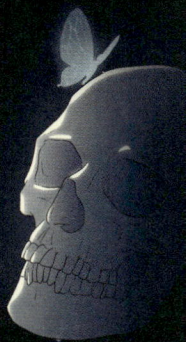

太阳穴是颅骨最薄弱的位置，
最薄处只有1～2毫米，
但附近却分布着丰富的神经和血管。

只需要一定力度的肘击，
太阳穴便会破裂而造成死亡。

相关化石证明，百万年前，
我们祖先的太阳穴厚度
和颅骨其他部位相当。

随着不断进化，
脑容量的增加迫使颅骨不断增大，
但固定着咬合肌的太阳穴部位
不可能随头颅增大而升高。

为了弥补头颅内增大的空间，
太阳穴变得越来越薄。

如果让上帝来设计，
完全可以改变头颅的形状，
但生命进化不能从头再来，
只能一次次地迭代。

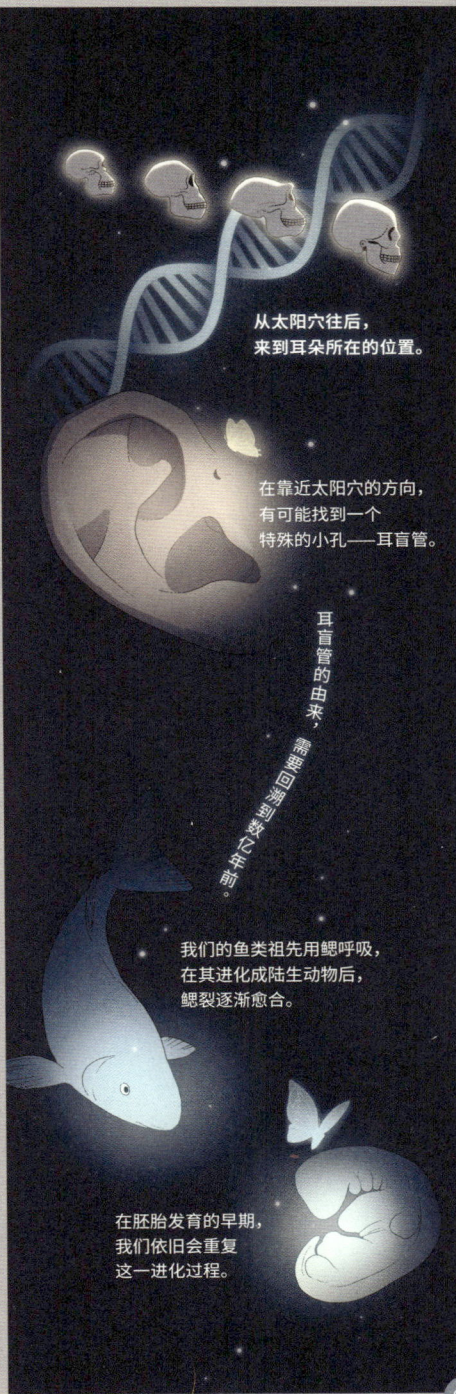

从太阳穴往后，
来到耳朵所在的位置。

在靠近太阳穴的方向，
有可能找到一个
特殊的小孔——耳盲管。

耳盲管的由来，
需要回溯到数亿年前。

我们的鱼类祖先用鳃呼吸，
在其进化成陆生动物后，
鳃裂逐渐愈合。

在胚胎发育的早期，
我们依旧会重复
这一进化过程。

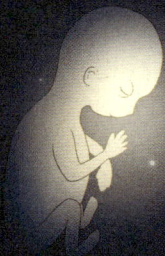

我们会像鱼一样
形成鳃弓和鳃裂，
然后逐渐愈合。

总有一些人愈合得不彻底，
最终在耳朵附近形成小孔，
如果出现感染，
将会严重威胁生命。

Yolo～

如果人类是被设计出来的，
这将是一个重大的设计缺陷。

时间再回到数万年前，
为了警戒危险，
我们祖先拥有能够灵活控制的耳朵。

随着社会生产力的提高，
当我们不再需要
警戒野兽的威胁时，
耳朵退化了，
大部分人丧失了
控制耳朵的能力。

耳后肌
耳前肌
耳上肌

人类仍拥有动耳肌，
所以总有那么一部分人
依旧能掌握控制耳朵的诀窍。

从耳朵平直往前移动，
我们来到了眼睛所在的位置。

我们的眼睛看起来很完美
有着无比精巧的结构
让我们看到美丽而绚烂的世界

很少有人知道，
我们的视网膜是反着的，
这不仅影响感光细胞的成像质量，
也更容易因受到外力而出血和脱落。

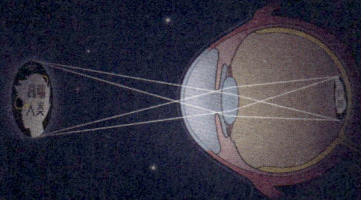

远在寒武纪时期，
物种大爆发，
动物纷纷进化出了眼睛，
我们的祖先也不例外。

但我们祖先的头部
出现了神经板内卷，
作为神经系统的一部分，
原始的眼睛也被翻转到了内部。

在胚胎发育的过程，
我们依旧在重复视网膜翻转的过程，
这个缺陷将会一代代传承下去，
永远不会改变。

从头部往下，来到喉部。

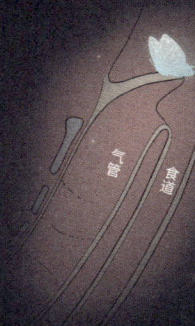

气管 食道

我们的气管和食道
有一个共同开口，
呕吐物很容易
因逆流而进入气管，

每年因此窒息死亡
的人不计其数。

为什么食道和气管不能分别独立呢？

这是因为我们的
鱼类祖先没有肺部，
在进化成爬行类的时候，
食道末端发育成了肺和气管。

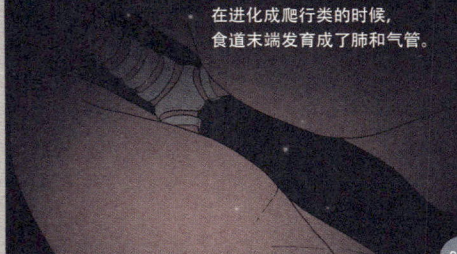

同样的是我们鱼类的祖先，
它们的喉部和心脏距离很近，
控制吞咽的喉返神经偶然绕过
了颈动脉和心脏主动脉。

进化为爬行动物之后，
颈部越来越长，
喉部距离心脏越来越远，
喉返神经也被越拉越长。

相对于我们的喉返神经，
长颈鹿的喉返神经压力更大，
已经灭绝的腕龙则拥有
史诗级长度的喉返神经。

如果我们想要拥有独立的气管和食道，
想要改变喉返神经的设计路线，
就必须穿越到数亿年以前，
改变我们鱼类祖先的基因。

视野继续往下，来到前胸腔。

膈神经最早可追溯到鱼类，
而打嗝动作的快速吸气并同时关闭喉咙
最早可追溯到两栖类祖先。

两种神经在呼吸的时候
形成联合保护机制，
保证我们的肺部在呼吸时避免进水。

但我们的鳃已经完全消失，
也不再生活在水中，
相关的神经被刺激之后
激发的却是我们不由自主的打嗝反射。

嗝

而且，残留的膈神经曲折蜿蜒，
拥有不凡的长度，
很容易受到刺激而发生反射活动。

从喉部往下，来到胸部。

男人的乳房形同虚设，
也是进化的残留吗？

早在两百年前，
达尔文就对男人乳房的作用十分好奇，
他猜测我们的远祖是双亲哺乳后代，
后来男人的乳房消退了。

这似乎很符合进化残留的概念，
但达尔文还是错了。

**男人乳房的真相——
仅仅是没有发育而已。**

在胚胎发育的前6周，
无论男女胎儿，
都是按照X染色体的编码进行发育。
你没有看错，
胎儿前一个月都是往女性方向发育。

在6周左右，
Y染色体上的SRY基因开始发挥作用，
胎儿才出现相关的男性特征，
已经出现的乳房自然停止了发育。

如果在后天补充雌性激素，
尤其是在第二性征发育之前，
男性乳房不仅会发育，
还会拥有哺乳的能力。

虽然男性的乳房无须用来哺乳，
但进化不能倒退，
身体也只能选择不发育的策略。

从胸口往下。

在健身男女的腹部，
完美的八块腹肌
带给我们视觉上的美感，
但这真的完美吗？

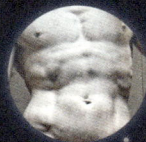

除了我们人类之外，
绝大部分脊索动物的
腹肌都没有分节现象。

我们是进化道路上的"异类"，
保留了鱼类祖先的腹肌分节特征。

当然，这并不妨碍
我们认为人类的腹肌曲线才是完美的。

视野深入腹内，我们找到了阑尾。

作为消化植物纤维的器官，
早在我们食性转变后就已被束之高阁；
作为一种器官"残留"，
通常被贴上了多余、无用的标签。

但实际上，阑尾有一定的免疫功能，
是部分益生菌的滋生地能够保障肠道
内健康的菌群环境。

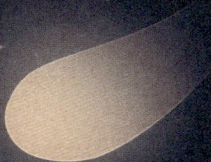

视野来到腹部以下。

看到男性的生殖器官，
有人可能会有一个十分含蓄的问题：

为什么很多动物都有阴茎骨，
而且拥有各种各样的形状，
而人类男性却没有？

虽然科学家对人类男性阴茎骨的消失并没有定论，
但在老鼠身上进行过相关的实验。

通过干涉老鼠相关基因的表达，
科学家成功令老鼠后代的阴茎骨消失，
但他们发现——在老鼠阴茎骨消失的同时，
脑容量明显增大。

由此，科学家得出结论：
啮齿类和灵长类拥有近亲关系，
阴茎骨的消失
有可能和大脑进化息息相关。

可谓是——
智商和节操不可兼得。

我们知道，
隐睾和阴囊疝气是两种较常见的病。

但这两种病的高发性
依旧和我们的进化缺陷有关。

当我们的祖先还是冷血动物的时候，
作为睾丸雏形的精巢位于心脏附近。

随着物种进化到温血动物，
体内热量威胁到精子的活性，
睾丸逐渐下滑，进入阴囊。
由于输尿管和盆骨阻挡在前面，
输精管不得不在腹腔绕了一个大圈。

这一过程会在胎儿发育时
再度重现，
下降过程偶尔会出现意外，
睾丸便无法沉入阴囊，
形成隐睾。

同时因为输精管直接连通腹腔，
如果闭合不够紧密，
腹腔内的器官则会落入阴囊，
形成疝气。

再往下，一直到脚掌。

这里有一块健康的肌肉，
经常在手术中切掉，
作为其他损伤部位的肌肉重塑。

这便是我们身上——
几乎不再发挥作用的跖肌。

作为人类的近亲，
猩猩的双脚和双手同时具有抓握能力，
它们的跖肌十分的灵活、发达。

人类直立行走之后，
跖肌失去功能，脚掌丧失了抓握能力，
甚至有 9% 的人类天生就没有跖肌。

进化残留不仅仅发生在我们的躯体上，
还早早地刻在了我们的 DNA 里。

我们的基因曾有一种结构
能分泌帮助 VC 代谢的消化酶——
L-gulonolactone oxidase(LGO)，
绝大多数的动物都有这种基因。

但在进化的过程中，
我们的相关基因却失效了，
成了不再表达的废料基因。

通过对比不同动物身体内的废料基因，
我们会有惊人的发现：

人类与黑猩猩的基因相似度高达98.5%，
与犬类的相似度是75%，
与果蝇的相似度是50%，
与黄水仙的相似度也有33%，
……

*数据来源：纪录片《子宫日记·人类篇》18分30秒

我们和地球上的其他物种
拥有共同的祖先。

生命从诞生的刹那，
开始了长达38亿年的奇迹之旅。

人类没有灭绝，
竟然是因为"怕痒"

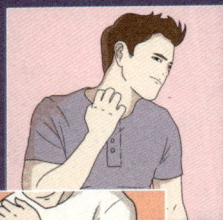

每天总有那么几次，
我们的皮肤会感到一阵莫名的瘙痒。

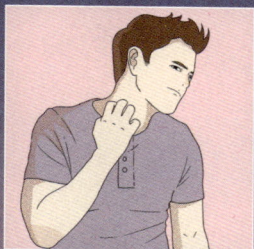

正常情况下，
人们一天中会经历数十次瘙痒。
接触过敏原、皮肤干燥、精神紧张等，
皆为皮肤瘙痒的诱因。

甚至仅仅谈论"痒"这个话题
都会触发瘙痒的启动按钮。

痒

夏天是我们被迫"献血"的季节，
蚊虫叮咬成为瘙痒的主因。

冲啊！

而我们的身体对抗凝剂天生过敏，
此时皮肤会释放大量组胺，
组胺在促进人体免疫应答的同时，
也会刺激神经产生痒感。

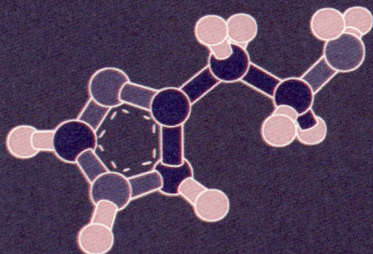

当我们用指甲在皮肤上抓挠时，
轻度的痛感覆盖抵消痒感，
在大脑意识中达到止痒的效果。

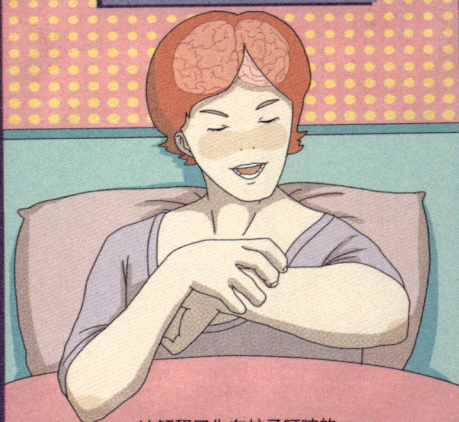

这解释了你在蚊子叮咬的
肿包上刻十字的"魔幻"行为。

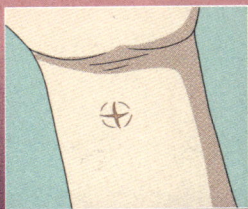

人类应对"痒"的本能反应，
就是原始遗留的物理回击：
抓、挠、摩、擦。

痒感与痛感均是人体进化筛选留下的
反射性防御机制，
以发布信号的形式表明
外界不明物体的侵入。

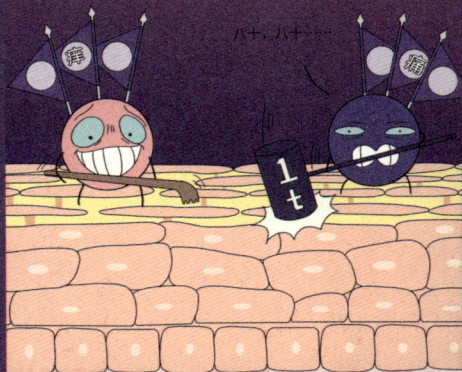

两者的区别在于，
痛感提醒生物逃离刺激源，
痒感则不断诱导生物接近刺激源。

哇呀呀！

1
t

来玩呀！

人体的内脏会感受疼痛，
但是绝对不会产生瘙痒。
瘙痒感受区域限于皮肤表层，
包括嘴唇、眼睛、阴唇和肛门。

如果缺少瘙痒这种不愉快的刺激，
人类先祖很难在早期恶劣的
自然环境中存活下来。

瘙痒引发的抓挠行为会驱逐
可能潜藏于人体皮肤里的危害，
如昆虫蜇刺伤害、植物卷须刮擦等。

所谓祸福相依，
瘙痒在保护人类的同时，
慢性折磨也随之而来。

皮肤科

17%的人经历过慢性瘙痒的折磨，牛皮癣、湿疹等皮肤病是其根源。

以痛止痒的方法只适用于蚊虫叮咬引发的急性瘙痒，对慢性瘙痒则毫无效果，甚至会陷入越搔越痒的恶性循环。

过分瘙痒易积累不良情绪，严重者甚至会产生自杀倾向。

有别于一般生物，人类另患有心理瘙痒。

妄想性寄生虫病患者感觉自己全身布满螨虫、跳蚤，皮肤出现蚁走、蠕动、刺咬的瘙痒。他们在恐惧中过度刺激皮肤，造成皮肤表皮剥脱、溃疡等损害。

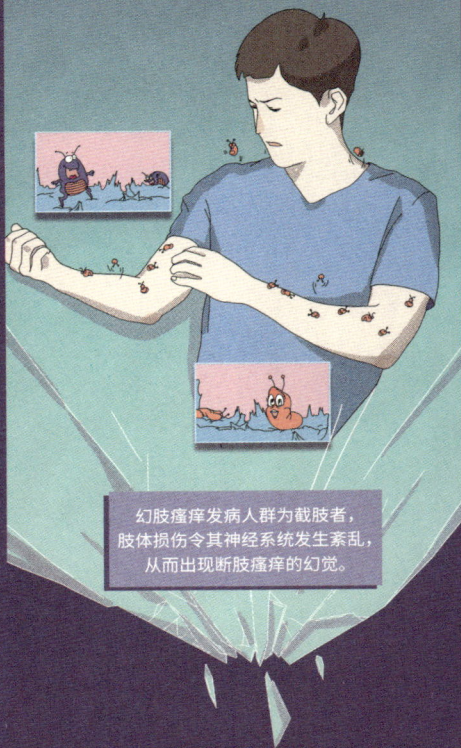

幻肢瘙痒发病人群为截肢者，肢体损伤令其神经系统发生紊乱，从而出现断肢瘙痒的幻觉。

针对这种心理异常产生的瘙痒，
医生利用镜像投射出截肢者
想要抓挠的身体部位，
借此具象化大脑虚构出的痒感。
使大脑以为幻肢的瘙痒已被解决。

即使在科技发达的今天，
人类对于瘙痒的了解也仅限皮毛，
"痒"依旧是医学界难以攻克的课题。

瘙痒如同打哈欠一般，
可以通过视觉刺激传染激发，
看到他人抓痒或者昆虫图片时，
自己也会情不自禁地抓挠皮肤，
这种现象被称为视觉瘙痒。

身体承受的"痒"、
精神世界中难以名状的感觉，
七年之痒、理想之痒又该如何解释，
未来关于瘙痒的研究之路还很漫长。

没有指纹，

犯罪的成功率

会更高吗

在丰富多元的现代社会中，
每个人都忌讳与他人相似，
而将与众不同奉若神谕。

其实早在胚胎状态时，
我们就已被打上绝无雷同的烙印，

这就是指纹！

指纹是人手指表皮上突起的纹路，
也是最隐秘的"个人标志"。
英国科学家弗朗西斯·高尔顿
对指纹进行了分类，
并通过计算得出
两个单独指纹相同的概率
只有六百四十亿分之一。

**这套万中无一的超级"密码"，
是如何被"镌刻"在每个人身上的呢？**

众所周知，基因影响着个体生命的特征。
每个人复杂的遗传信息被装载于基因里，
其中就包括有关指纹的内容。

因人而异的遗传基因控制着不同的体态特征，
即身高、发色及指纹的形状，指纹的唯一
性也由此诞生。

这种唯一性的决定时刻，
要追溯到混沌的胚胎状态。

当我们还在子宫里沉睡时，
指纹的个性就呼之欲出。

专家对胎儿发育过程进行扫描观察，
发现在70天左右时，
胎儿的指尖部位会暂时鼓出球状的包，
这个过程是指纹形成的蓄力阶段。

等到了胎儿**4～6个月**时，
指纹就已经完全形成并尘埃落定。
其后的成长发育都不会影响指纹的基本形态，
只会在大小和粗细方面加强。

指纹的形成宛如山岳拔地而起。
在皮肤发育的过程中，
相对柔软的皮下组织
会不断冲击上部的坚硬表皮。

于是一部分表皮被压迫，
陷入内部成为沟壑，
另一部分则相对应地成为山峰，
指尖的山川最终构成了粗糙的指纹地图。

但我们平时说的指纹，
其实是指尖分泌出
汗液和油脂后，
拓印在物品表面的痕迹，
与真正的指纹是两个概念。

指纹的这种唯一特性
使它成为等同于个人身份的符号，
在古今中外的各个领域大放异彩。

居延汉简中有关衣物买卖的契文末，
外侧画有三横两个指节的痕迹。
这是我国目前发现最早的
由当事人签署的一份契约，
也是最早以**"画指"**作为签署方式的实物。

你别骗我，我读书少！

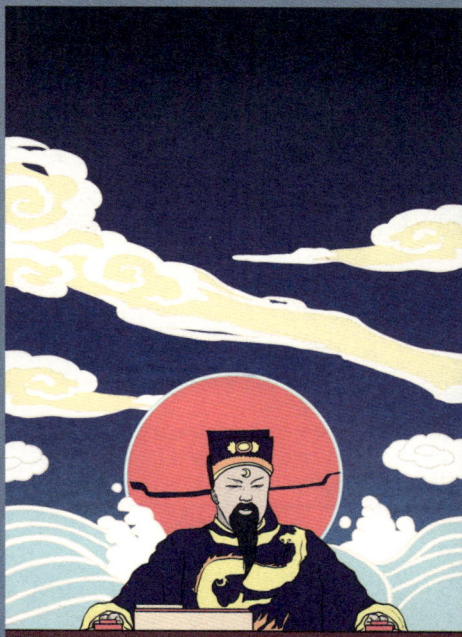

到了唐宋时期，
国家法律规定借据、卖契等官私文书，
当事人必须亲笔签署才能生效，
但老百姓大多不识字，
所以画押或捺指纹
成为签署文书的重要形式。

唐代的司法领域，
由当事人画押已成传统。
画过押的供状、笔录及证人证言文书，
都是政府官员具案下判的重要凭证。

不仅如此，
古人同样精于指纹对比。

在技术条件落后的情况下，
古人将指纹大致分为"**斗形**"和"**箕形**"，
通过肉眼对比节点和形状以判断
书画珍品的真伪。

一直延续到现代社会的刑侦现场，
指纹已经进化为帮助警察破案的神器。
由于指纹印具有吸附性，只要撒上小颗粒粉末，
就能快速显现和提取现场遗留下的嫌疑人指纹。

指纹的顽固远超人们的想象，
这源自遗传基因的花纹图样，
不是凭外力就能轻易摧毁的。

侦探小说和电视剧中常会出现以下情节，
狡猾的罪犯为了逃避追捕，
用硫酸和火烧的方式破坏指纹。

但出于人体自愈能力，
皮肤会在复原中记忆指纹的图案，
并将其忠实地还原到新皮肤的表层。

因此，这种方式
无法永久毁灭指纹的存在。

进入互联网时代，
指纹作为开启财产和信息宝库的钥匙，
变得更为关键。

指纹识别技术是目前最常见的应用方式，
将识别对象的指纹进行分类比对从而进行判别，
以实现手机、房门解锁及在线支付等功能。

支付成功

￥1.00

在指纹采集技术上，
首先问世的是**油墨捺印方法**。
20世纪70年代以后，
光学式指纹采集技术的出现和普及，
促进了指纹的现场快速采集和验证。

20世纪80年代以来，
自动指纹识别系统迅猛发展，
美国联邦调查局、英国内务部、法国警察总署
开始将其纳入政府机构以提升办事效率。

目前，指纹识别技术已经与信息登记一体化，
合力构建起一个可靠的庞大数据库。

但由于指纹相对容易被伪造和盗用，
所以结合**虹膜、声纹**等生物特征，
将是提升单一指纹系统安全性的重要方向。

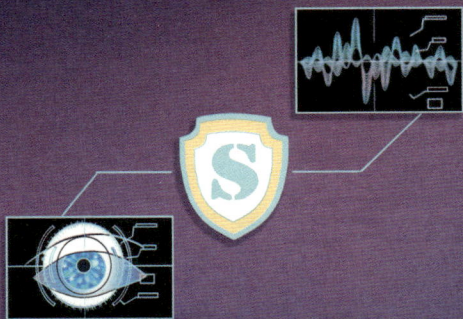

除了识别身份和保护管理资产，
指纹也是身体发出的健康信号。

近年来医学家们研究发现，人体某些
部位皮肤出现异常的纹路和色彩，
和某些疾病的发生和发展密切相关。

美国夏威夷大学癌症研究中心发现，
如果女性左手指纹开口向右的纹理较多，
那么她患乳腺癌的危险性就较大。

再比如3岁以下患有小儿肺炎的儿童，
指纹会随病情发展出现颜色和形状的变化，
这可以作为一种辅助诊断手段，
帮助治疗患病儿童。

迷宫般错综的指纹在人类社会中的意义
早已超越单纯的身份识别和信用背书。

作为至死不变的特征，
各不相同的指纹才是彰显
我们每个人独特不凡的最好证据。

当你默读的时候，脑子里的声音是谁的

我们经常在动画片中看到这样的镜头：
角色在思考的时候，
头顶往往会出现一个长着翅膀的小人，
恶狠狠地对人物耳语。

我们在默读的时候，也会有类似的体验。
明明没有张嘴说话，
脑子里却好像摆着一台点读机，
看到哪里读哪里，读完了还问我们一句：
"你会读了吗？"

妈妈再也不用担心
我的学习！

如果你看到这里，
大脑里的童年回忆像被喇叭外放了出来，
那就说明你的"心声"很强烈。

这个脑内声音到底是谁呢？
其实早已有相关研究，
它有个专业名词，Inner Speech，
可以翻译为内心言语，或者更直白一点，
你可以叫它"心声"。

这并不是一个抽象的形容词，
而是确确实实可以在脑电波上反映出来的科学。

20世纪30年代，
苏联心理学家利维·维谷斯基认为，
当我们默读和思考时，脑内出现的声音
其实就是我们讲出来的语言的内化版本。
当时没有技术可以深入证明这一点。

被我说中了！

但我们现在有了新发现。

这是我们的大脑，它有很多功能区。
负责语言输出的部分叫作布罗卡氏区。

通过现代的核磁共振技术可以发现，
当我们说话时，布罗卡氏区、
控制嘴部运动的大脑区域，
都有明显的活动反应。

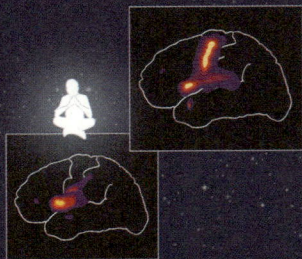

而当我们进行默读，产生内心言语时，
控制嘴部活动的区域关闭，
控制语言的布罗卡氏区却依然在活动。

也就是说，
你脑中的声音Inner Speech（自言自语），
确实就是你在说话，
只是没有通过嘴巴"说"出来，
而是特异成了内化版本。

除此以外，还有一个现象可以支持我们的说法。
那就是"伴随放电"，也叫"感知副本"。

不痒了啊！

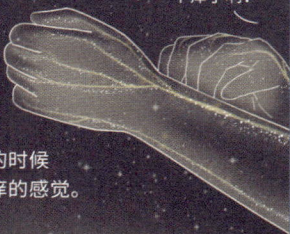

例如，你自己挠痒的时候
并不会产生任何瘙痒的感觉。

这是因为大脑在发送指令给手的同时，
也发送了相同的指令给脑中感受器，
告诉它：我挠自己呢，别笑！

这个复制指令的现象，就叫伴随放电。

一般来讲，伴随放电出现在身体做动作时——
说话的时候也会出现这种现象，
大脑告诉你我要讲话了，
别大惊小怪。

淡定！

但有趣的是，当我们默读的时候，
明明嘴巴没有发出声音，
大脑里却出现了伴随放电现象，
明确收到"我要说话了"的通知。

所以说，默读时产生的脑内声音，
一定是你本人的。

并且不出意外的话，
这个声音的音色、频率、说话方式，
应该也和你本人的非常接近。

那么问题来了。
不能说话的聋哑人，
是否也有内心言语？

聋哑人不能说话也无法听到声音，
他们没法想象说出声的语言，
所以，他们是没有"心声"的。

可这并不妨碍他们"心动"，
他们可以借助手语来表达自我。

有个假说叫作"心语假说"，
由美国认知科学家杰瑞·福多提出。
他认为每个人的脑海中都存在着一种内部语言——
思维语。这种思维语并非真正的语言，
而更像是我们思考的源代码。

当我们真正习得一门语言，
就会把思维语翻译成平常说的话。

因此，聋哑人在脑中进行思考的时候，
他们可以通过手语
"翻译"出自己想表达的意思，
这与我们"翻译"成中文或英文，
没有任何区别。

就是思考碰撞太过激烈的话，
那么场面……可能会比较像火影结印了。

那么如果再深一层，
在这些聋哑人还没有学会手语之前呢？

这就得靠形象思维了。
把多种感官获取的信息
存入大脑，

经过一系列的想象、分析，
再将它"播放出来"，
好像看一场无声电影。

因此，内心言语这项技能
还是有点复杂的。

那么内心言语又是如何产生的？
这又得提到那位利维·维谷斯基，
他认为语言只是一个思考、沟通的媒介，
内心言语也就是一种和自己沟通的方式。

他通过多年研究孩童的行为发现，
内心言语应当是从孩童时期的
一些对话逐渐发展来的，
随着年龄的增长，一些交流的话语内化，
就自然地形成了内心的独白。

如果你小时候就喜欢自言自语，
那么就很容易成为内心言语的专家。
当你心语能力足够强大时，
你就能操控心声，
把它变成别的声音。

根据内心言语能力的不同，
有的人脑子里热闹起来，
甚至可以开一场盛大的音乐会；

而有的明明是健康人，
却无法在思考和默读的时候听到脑中的声音。

像我，就可以在脑子里
放完一整集《猫和老鼠》，
声音、图像、片头曲一点不落，
甚至可以在脑中切换任意人物、
任意音色来默读和思考。

其实这没什么困难的，
只需要一些小伎俩，
我们就可以用自己的大脑
"说"出别人的经典台词。

来，跟我默读这句话：
"春天到了，万物复苏，
大草原又到了动物们交配的季节。"
童年的画面又一次在眼前闪现。

这不就成功地掌控了吗？

世界上唯一会陪你

熬夜的，

只有它

00:00

是什么让年轻人义无反顾地熬夜刷剧、打游戏？

还不是因为白天工作强度高、学习任务紧！

只有午夜过后
才是我们真正可支配的自由时间。

夜夜"爆肝"[1]
成为社会底层应对社会压力的自杀式反抗。

1 网络用语，一般指需要耗费大量时间精力（特别是熬夜进行）的事情。

02:00

想当年，金戈铁马，气吞万里如虎。

05:00

眼昏昏，一半微开一半盹。

08:00

壮心已与年俱逝，脱发应无术可栽。

然而无限轮回"爆肝"的结局
就是提前投胎。

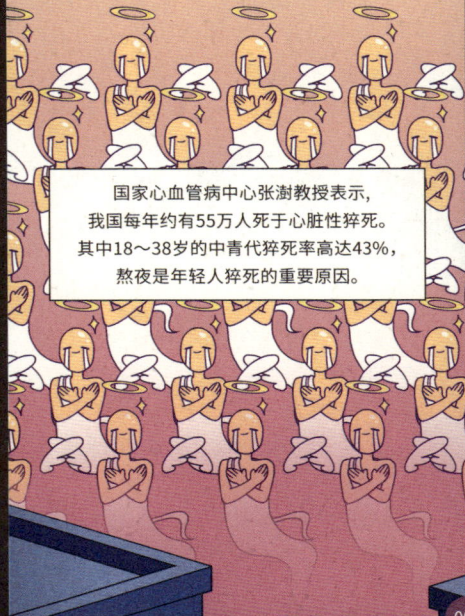

国家心血管病中心张澍教授表示，
我国每年约有55万人死于心脏性猝死。
其中18～38岁的中青代猝死率高达43%，
熬夜是年轻人猝死的重要原因。

喜临门发布的《2019年中国睡眠指数报告》显示，作为"互联网原住民"的"90后"，其平均入睡时间在23:50，而且睡前平均玩手机50分钟。

拆塔，快！！

忙里偷闲开黑两局，受气憋屈五杀泄愤。

让我看看今天有什么瓜！

刷微博、知乎，关心国家大事或者八卦新闻。

他俩要不是真的，我罚自己一个月不吃早餐！

睡前爱豆看一波，猛嗑CP到天亮。

其实目前尚未有研究直接证明熬夜伤肝，

心脏与肠胃才是熬夜的最大受害者，

因此正确的说法应是熬夜"伤心"或者熬夜"伤肚"。

但是熬夜伤肝的现象确实存在，肝病的医疗负担也日益沉重。

由于肝病病发症状表现隐晦，肝病又被称为"沉默的杀手"。在这场温柔的杀戮中，你会出现疲惫乏力、不思饮食等类似感冒的症状，而这可能已经是肝损伤的前兆。

肝病不仅会损害肝脏，
还会引发胆道感染、胰腺炎、
心肌炎、性激素代谢紊乱、
再生障碍性贫血等其他疾病。

一场保肝、护肝的战役迫在眉睫。
但是，你真的了解你的肝吗？

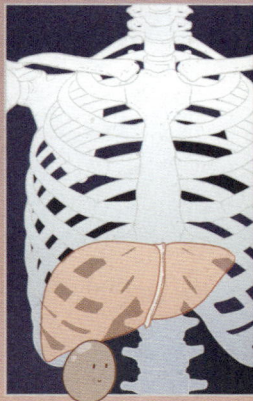

肝脏盘卧在人体
右侧肋骨的下方，
外观呈红褐色，
质柔而脆，
状若手枪腿；
平均重量约1.5千克，
约等于24个五香蛋。

肝脏在人体社会中身兼数职，
绝对称得上身怀十八般技艺的
多面能手。

肝脏是人体最勤奋的解毒器官，
全年无休"007工作制"，
24小时昼夜不停歇解毒、排毒。

嘿哟！嘿哟！

但是流入肝脏中的血液
可能存在有毒物质或者无用物质。

这时自带检测系统的肝脏
会启动自身近千种酶，
对体内毒素、细菌、药物、
酒精进行代谢与灭活，
将体内的废物及有毒物质
降解后排出体外。

再见！

肝脏会在你大快朵颐的时候储存能量，
又会在你喝西北风的关头，
默默拿出过冬应急的余粮。

摄入食物以后，
肝脏从营养物质中预留出
足够人体运作的葡萄糖，
再将多出的葡萄糖转化为糖原囤积起来。

糖原

如果糖原储量超过上限，
那么多余的糖原就会转化为脂肪。

脂肪

当你感到饥饿的时候，
肝脏再将糖原转化为葡萄糖
供身体正常运作。

3.血液危机公关

肝动脉与肝门静脉的双重供血
也给肝脏带来丰富的存血量,
约占人体重量2%的肝脏
却存储了全身约14%的血量。

**在某些出血情况下,
你并不会秒见阎王。
肝脏会在危机时刻释放存血量,
给徘徊在鬼门关的你带来一丝希望。**

鬼門關

快走！这里我们顶着！

4.胆汁制造商

没想到吧!
胆汁的生产者并不是蜷缩在肝脏下缘的小胆囊,
而是一直罩着它的肝脏。

胆汁

肝细胞每天分泌
800~1000毫升稀薄的胆汁,
再经过胆囊的浓缩,
成为黄绿色的液体。

胆汁可以帮助分解脂肪,
杀灭微生物,中和额外的胃酸,
同时带走肝脏内部分
有毒物质与副产品。

胆囊

勤劳勇敢、自强不息的肝脏
其实也很脆弱。

根据国家卫健委的数据来看，
2018年全国感染性肝炎
发病人数达128万，
死亡人数531人。

日常生活中，
长期过度饮酒、胡吃海塞、
滥用药物等不良生活习惯，
都有可能导致罹患非病毒性
肝病。

C_2H_6O 乙醇

CH_3CHO 乙醛

CH_3COOH 乙酸

H_2O CO_2

CO_2 二氧化碳

酒精摄入体内后，
在肝脏内形成乙醇－乙醛－
乙酸－水和二氧化碳的代谢链，
其中乙醛对肝损伤最高，
长期过量饮酒会引起肝硬化，
甚至演变为肝癌。

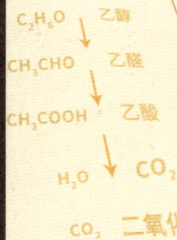

饮食过量，突破肝脏代谢极限，
细胞内因堆积太多脂肪而病变，
形成脂肪肝。

不遵循医嘱，
胡乱吃保健品也容易造成肝损伤。

现代青年生活不规律，
长期处于亚健康的状态，
一边提前透支自己的革命本钱，
一边拒绝查看自己的体检报告，
在"作死"的边缘左右横跳。

下面的话很重要！
由于肝脏是人体解毒器官，
自身出现病变无法自行恢复，
所以肝损伤是不可逆的！

呼吁各位从当下起爱肝、护肝，
远离烟酒、少吃油腻、合理用药，
小心呵护你的肝，
不要等到无法挽回时再追悔莫及。

连续喝一个月

奶茶

会怎么样

何以解忧，唯有奶茶。

问世间哪种饮品最好喝？
汽水、牛奶、酒、茶
和果汁都不得人心。

酒 吧

奶铺

汽 水

果汁

茶

真正让人们深陷其中难以自拔的
是奶茶——饮品中的王者。

2018年中国人均购买
14.3杯奶茶，
15～35岁的青年人
喝掉了全国90%的奶茶。

（来源：口碑 APP 2018 年数据统计报告）

大学生对奶茶更加狂热，
7.32%的大学生每周
至少消费3～5杯奶茶。

和大多数人想象的
"只有女生爱喝奶茶"不同，
男性和女性购买奶茶的比例是4：6。

不论男女，
都无法拒绝甜蜜的奶茶。

禁止奶茶！

禁止套娃！

爱喝奶茶的人，血管里都流淌着醇香的奶茶，
试问，谁不想当一个没有感情的奶茶机器呢？

**但如果真的像机器一样
连续喝一个月奶茶，
我们的身体会怎么样？**

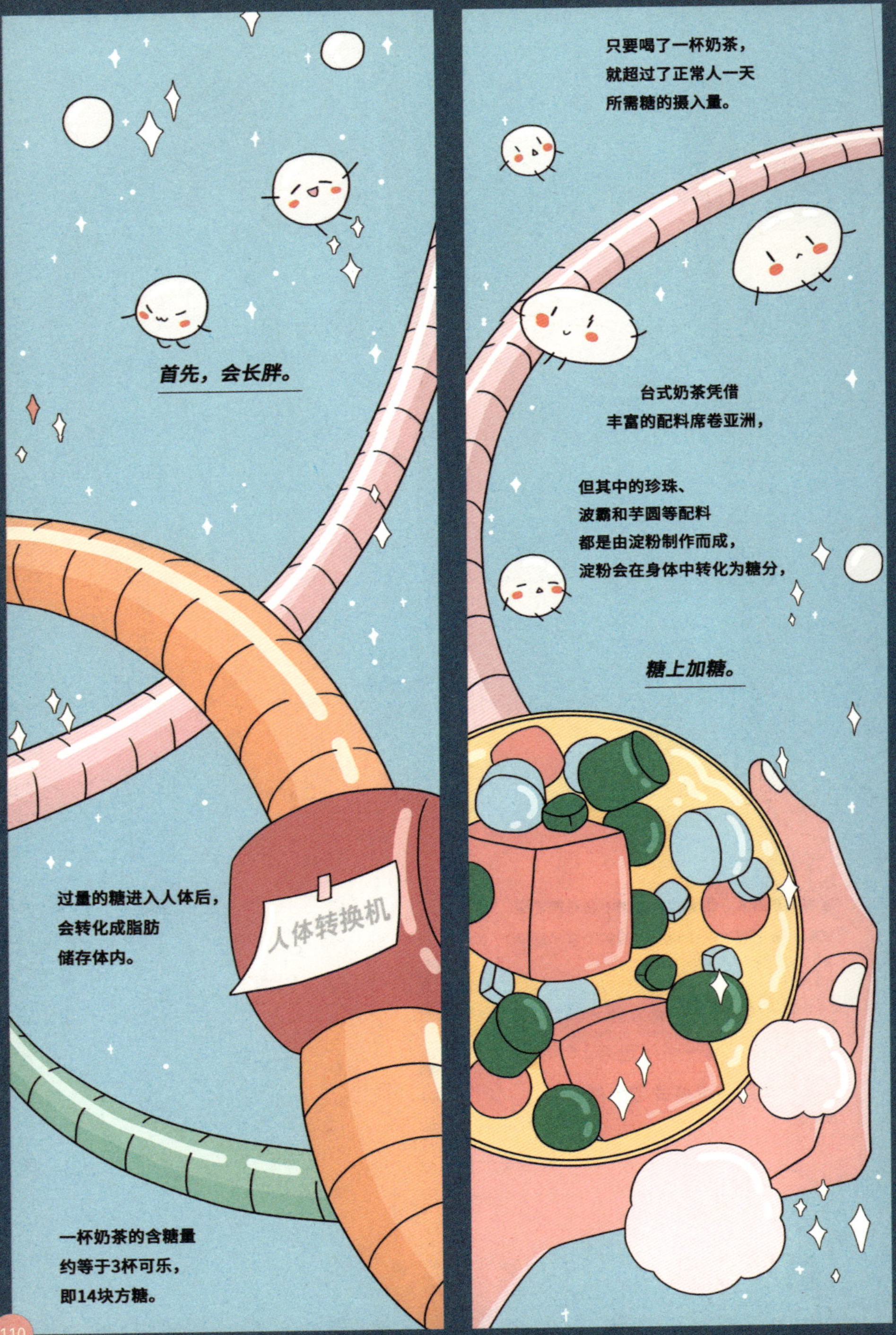

首先，会长胖。

过量的糖进入人体后，
会转化成脂肪
储存体内。

人体转换机

一杯奶茶的含糖量
约等于3杯可乐，
即14块方糖。

只要喝了一杯奶茶，
就超过了正常人一天
所需糖的摄入量。

台式奶茶凭借
丰富的配料席卷亚洲，

但其中的珍珠、
波霸和芋圆等配料
都是由淀粉制作而成，
淀粉会在身体中转化为糖分，

糖上加糖。

有近六成奶茶爱好者表示
会在奶茶表面加一层奶盖，

这层薄薄的奶盖平均脂肪
含量高达 6.3g/100ml，
可提供约 41 克的脂肪，

已超过成人每日推荐
摄入脂肪量的三分之二。

我爱奶盖!

过多地摄入糖分与脂肪,
久而久之,便引起超重甚至肥胖。

而肥胖又会带来很多问题,
如高血压、高血脂、高尿酸血症、
糖尿病等。

高血压

高血脂

高尿酸血症

糖尿病

救命!

糖分与脂肪还会导致胰岛素
和血糖的含量大幅波动，
并促使内分泌系统发生变化。

对女性而言，
可能会影响卵巢排卵功能。

糖不光会导致大脑无法发出饱腹的信号，
还会不停发出要摄入糖分的信号。

这就是我们喝奶茶停不下来的原因。

等你连着喝了30天
奶茶的时候，
迎接你的便是糖瘾。

这时候的你，满脑子都是想吃糖。

工作时要吃糖，

生病时要吃糖，

一旦减少糖的摄入，
就会出现抑郁、焦虑、
情绪波动较大和肌肉疼痛等症状。

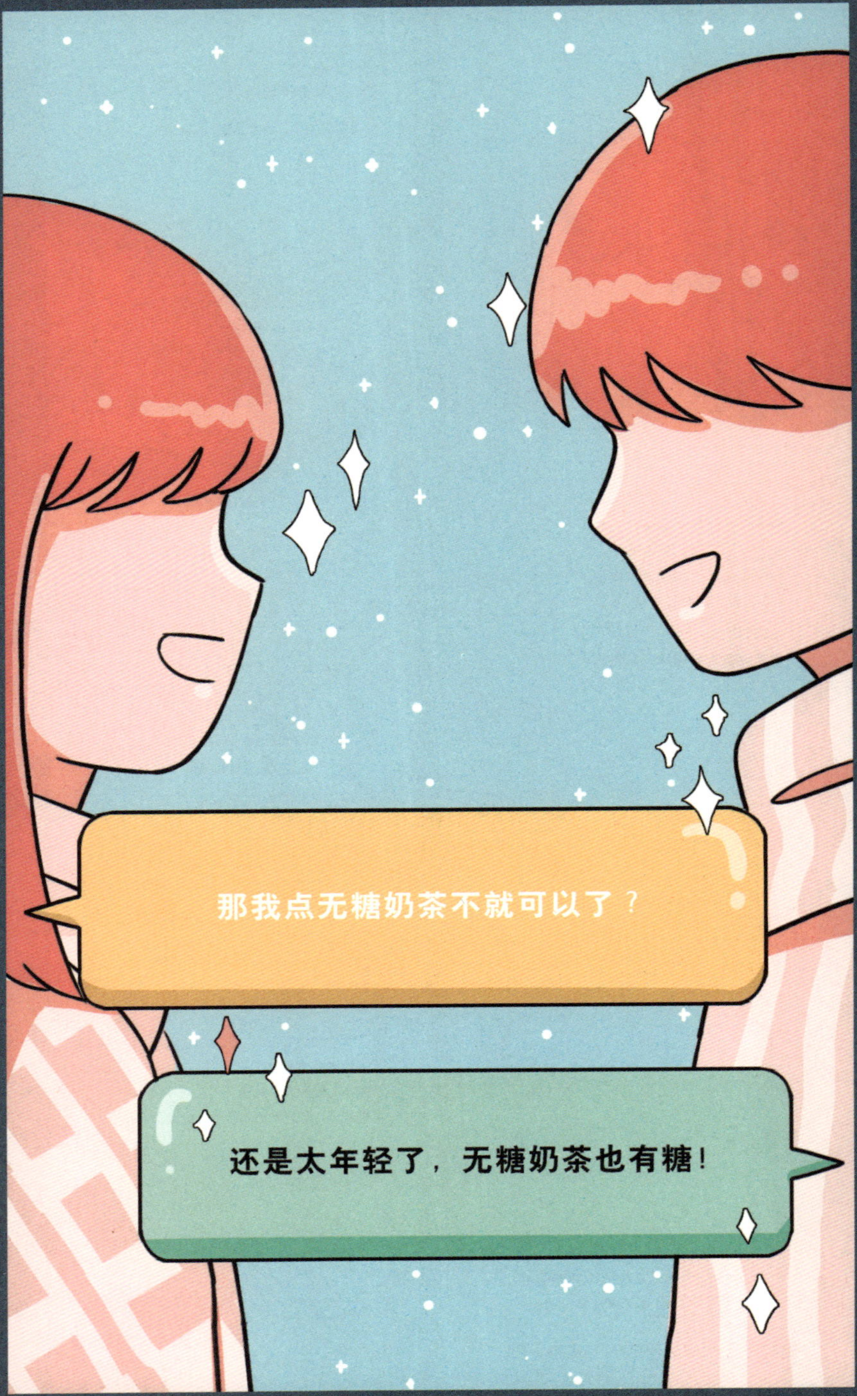
那我点无糖奶茶不就可以了？
还是太年轻了，无糖奶茶也有糖！

无糖奶茶原本的含糖量不超过0.5g/100ml，但事实上，根据调查，市面上的无糖奶茶平均含糖量高达2.4g/100ml。

有的无糖奶茶，含糖量甚至超过了标准要求的10倍。

所谓无糖，只是商家玩的文字游戏，并不能当成我们欺骗自己的心理安慰。

参考标准：《食品安全国家标准预包装食品营养标签通则》中对"无糖"的要求。

不过对于上班族来说，结束了一上午的工作，在片刻的午休后来杯奶茶，是刻在DNA里的工作习惯。

上班族工作节奏快，来不及吃饭是常态，但是能量消耗又很大。

这时候喝喝一杯奶茶，不光提神醒脑，还能补充能量。

只是在这种饥渴状态下服用
"兴奋剂"，我们需要付出的代价
可比想象的更沉重。

**一杯奶茶带来的热量
需要运动一个小时才能消耗。**

奶茶之所以能提神醒脑，
是因为里面含有茶碱、
咖啡因等元素。

有时，一杯奶茶所含的
咖啡因会大大超过一杯
咖啡里的咖啡因含量。

摸摸自己的良心，
你每天运动一小时了吗？

以后熬夜别喝咖啡、红牛了，

喝奶茶就够了。

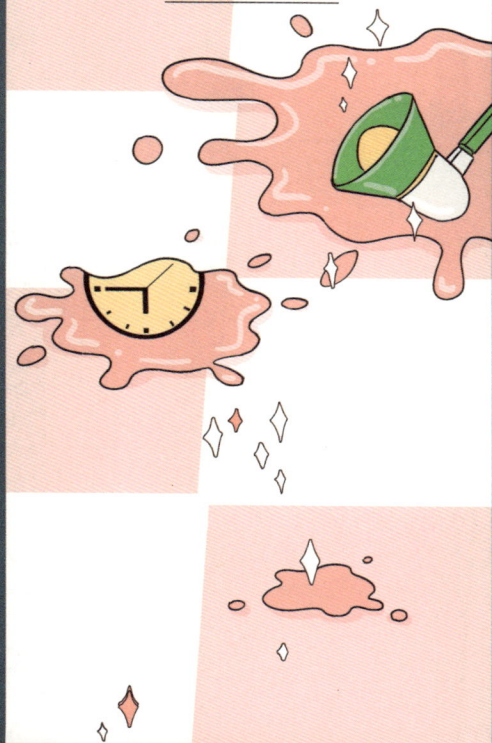

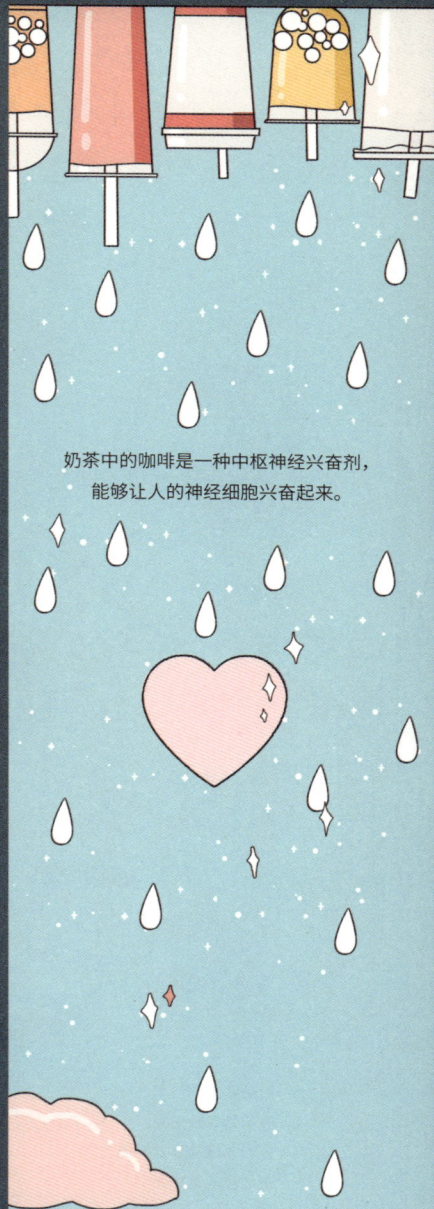

奶茶中的咖啡是一种中枢神经兴奋剂，
能够让人的神经细胞兴奋起来。

天天喝奶茶，夜夜睡不好，
失眠等睡眠剥夺问题卷土重来，

为原本脆弱的神经压上

最后一根稻草。

天堂

过量摄入
还可能导致焦虑、心悸、高血压、
呕吐、精神异常等情况，
甚至可能造成死亡。

喝奶茶喝疯了，
说的大概就是这种情况。

虽然奶茶听起来一点也不健康，
但现在的奶茶已经比十年前安全、卫生多了。

中国的奶茶行业经历了以下三个时代：
1990－1995年的粉末时代，
1995－2016年的街头时代，
2016年至今的新式茶饮时代。

1995－2016

2016－

奶茶从简单的无茶无奶的粉末冲调，
一步步发展成了工业化流程下的饮食产业。

2018年中国现制饮品
门店数已经超过45万家，
但这45万家奶茶店良莠
不齐。

WANTED

WANTED

WA

使用速溶奶茶冲泡，
使用大量的添加剂，
使用奶精代替牛奶，

这些才是真正危害我们
人体健康的毒瘤。

虽然加入奶精能让奶茶的口感变得更好，
但是它里面含有大量对人体有害的物质，
如反式脂肪酸。

过量摄入反式脂肪酸会增加血液中
低密度脂蛋白胆固醇含量，
使患心脏病的风险增加21%，
死亡风险增加28%；

还会增加血液黏稠度，导致血栓的形成，
以及加快认知功能衰退，罹患阿尔茨海默病，
甚至减少男性激素的分泌，影响男性生育
能力。

不过，不必过分紧张，
现代工业体系下的奶茶中
所含的反式脂肪酸可谓少之又少。

用40g奶精制作一杯奶茶，
其中反式脂肪酸的含量
也仅仅为0.108g。

OUCH！

权威数据显示，中国人平均每天摄入的
反式脂肪酸为0.39g。

牛肉、羊肉、牛奶和乳制品，以及煎炸后的
食物中，都含有少量的反式脂肪酸。

《中国居民膳食指南》建议
每日反式脂肪酸的摄入量不超过2g。

在奶茶中乱加东西毕竟是少数无良商家所为，
如果真的特别想喝奶茶，

还是选择专业化、工业化
程度高的连锁奶茶品牌比较好。

合格

尽管如此，奶茶的危害依然不容小觑，
连续喝一个月奶茶确实会对身体产生很大影响。

所以自己在家做奶茶不失为一种好办法，
而且还可以重温一下数世纪前传统奶茶的诞生。

实在嘴馋的话，
就偶尔点一杯堕落一下吧！

连续一个月不吃早饭，会发生什么

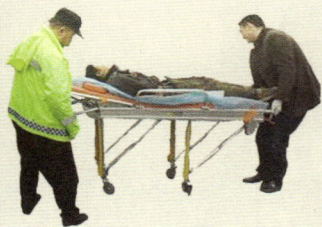

吃早餐
好像是一件
非常重要的事情。

当我们选择
不吃早餐的时候，
就会被疯狂吐槽、指责。

又不吃早饭啦?

小心胃病、
胆结石啊!

会胖的!

牛角拉面

要迟到了!

然而当我们选择不吃午餐的时候，
往往不会有人说什么。

你不吃午餐会饿吗?

饿!

哦……

早餐和午餐
不都是吃东西吗?
为什么差别会
这么大呢?

歧视啊!

午餐首选

难道不吃早餐
真的有那么严重吗?

多少钱?

豆浆

一、从生活习惯上讲

一日三餐的进食规律
是随着社会发展逐
渐固定下来的。

不是必须死守的规矩。

人是活的!

酬宴

啾 啾 啾 啾 啾 啾 啾 啾

据史料记载，秦汉之前，
民间流行"两餐制"，
一天只吃早、晚两顿饭。

人呢？

您请！

到隋唐时期，才有了午餐，
一天吃三顿饭逐渐成了日常。

姐姐，
尝尝这个。

您先请！

和中国类似，古希腊人和古印度人也是一日两餐。

最早的三餐或许出现在古埃及，那时古埃及人也是早晚各吃一顿，但富裕者会在下午多吃一顿。

她怎么又吃了一顿？

其实人只有在感觉到饿的时候
才需要进食。

亚马逊丛林中的
皮拉罕人以食为乐，
只要村里有食物，
就一定要吃掉。

真香！

不吃留着过年？

但是就算错过一两顿，
或者一整天不吃东西也没关系。

Come!

起来嗨！

他们甚至可以
连续跳三天舞，
中间只吃一点
东西。

所以一日三餐只是一种文化，
早餐是其中普通的一顿。

等等我!

二、从生理结构上讲

保护
我们的胃

胃有着强大的
自我保护系统,
其表面每分钟能产生
约50万个新细胞。

同时,胃的内表面还有一层黏液,
可以有效阻止胃酸的损害。

所以"由于不吃早餐,
胃里没东西,胃酸损害胃"
的说法是不科学的。

妈,我没吃早饭,肚子痛。
今天就不去学校了吧?

想逃学?
门儿都没有!

三、从调查结果上讲

巴斯大学曾对33名
受试者进行了跟踪调查,
将他们分成吃早餐和不吃早餐两组。

6周后发现,两组受试者的
血糖水平、血胆固醇
和身体代谢率没有差异。

可见在三餐中,早餐并不特殊,
它不是不可取代的存在。

但还是有很多研究表明,
不吃早饭是有危害的。

快逃

嗨！

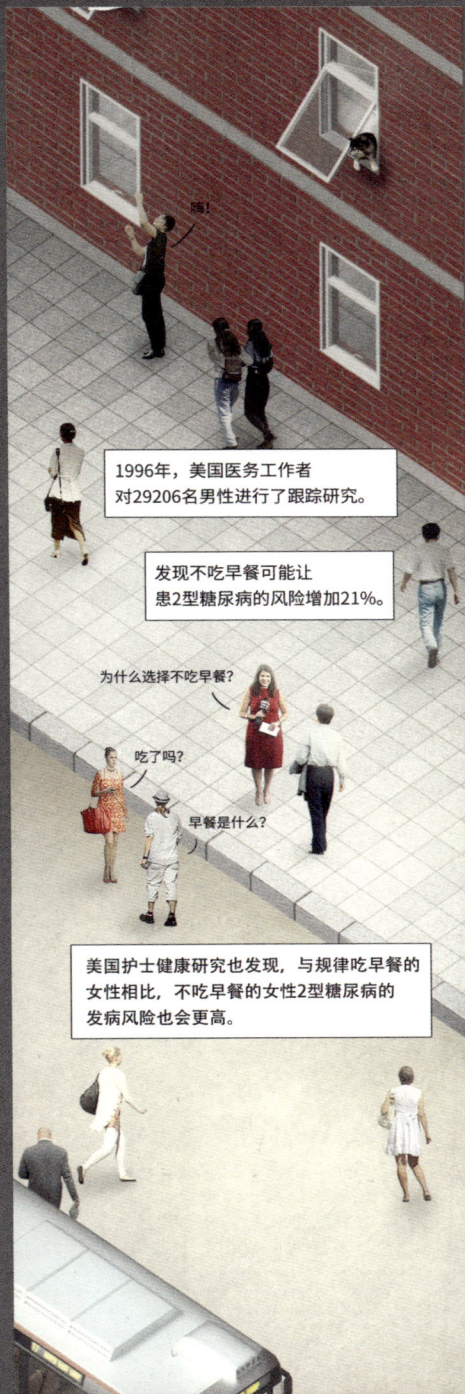

1996年，美国医务工作者
对29206名男性进行了跟踪研究。

发现不吃早餐可能让
患2型糖尿病的风险增加21%。

为什么选择不吃早餐？

吃了吗？

早餐是什么？

美国护士健康研究也发现，与规律吃早餐的
女性相比，不吃早餐的女性2型糖尿病的
发病风险也会更高。

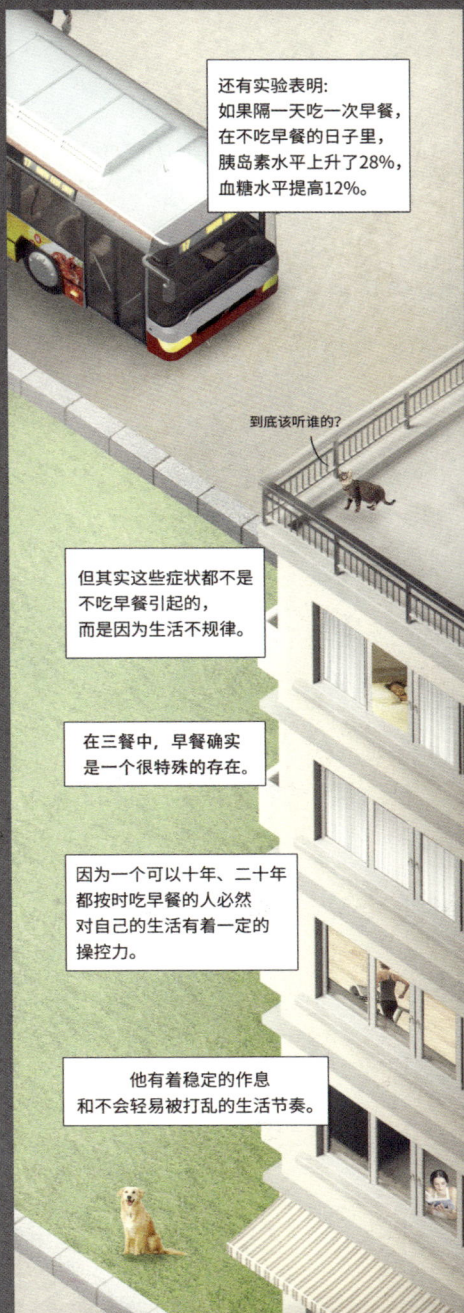

还有实验表明：
如果隔一天吃一次早餐，
在不吃早餐的日子里，
胰岛素水平上升了28%，
血糖水平提高12%。

到底该听谁的？

但其实这些症状都不是
不吃早餐引起的，
而是因为生活不规律。

在三餐中，早餐确实
是一个很特殊的存在。

因为一个可以十年、二十年
都按时吃早餐的人必然
对自己的生活有着一定的
操控力。

他有着稳定的作息
和不会轻易被打乱的生活节奏。

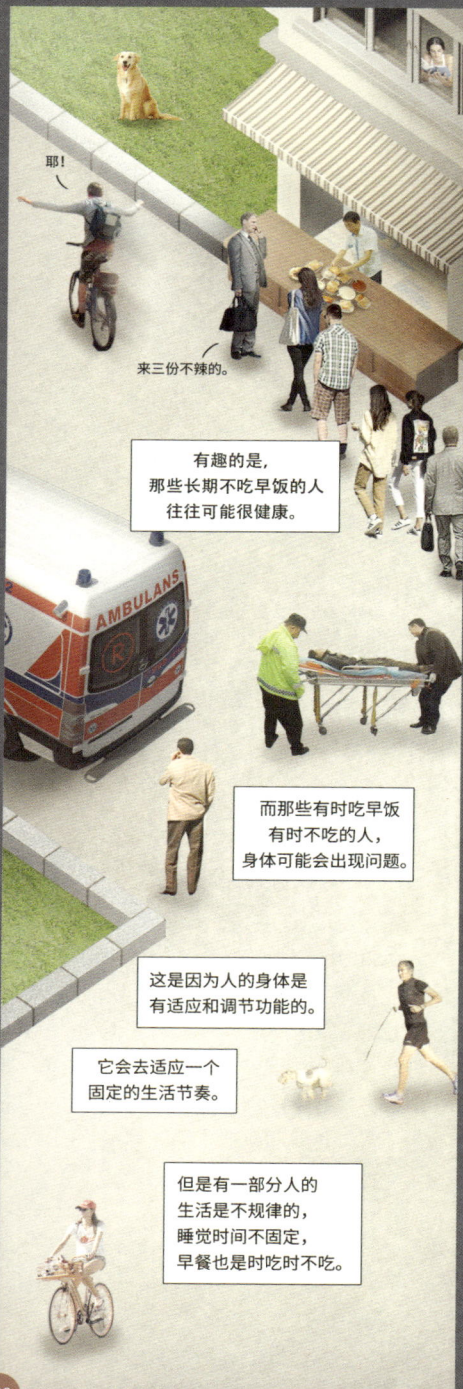

耶！

来三份不辣的。

有趣的是，
那些长期不吃早饭的人
往往可能很健康。

而那些有时吃早饭
有时不吃的人，
身体可能会出现问题。

这是因为人的身体是
有适应和调节功能的。

它会去适应一个
固定的生活节奏。

但是有一部分人的
生活是不规律的，
睡觉时间不固定，
早餐也是时吃时不吃。

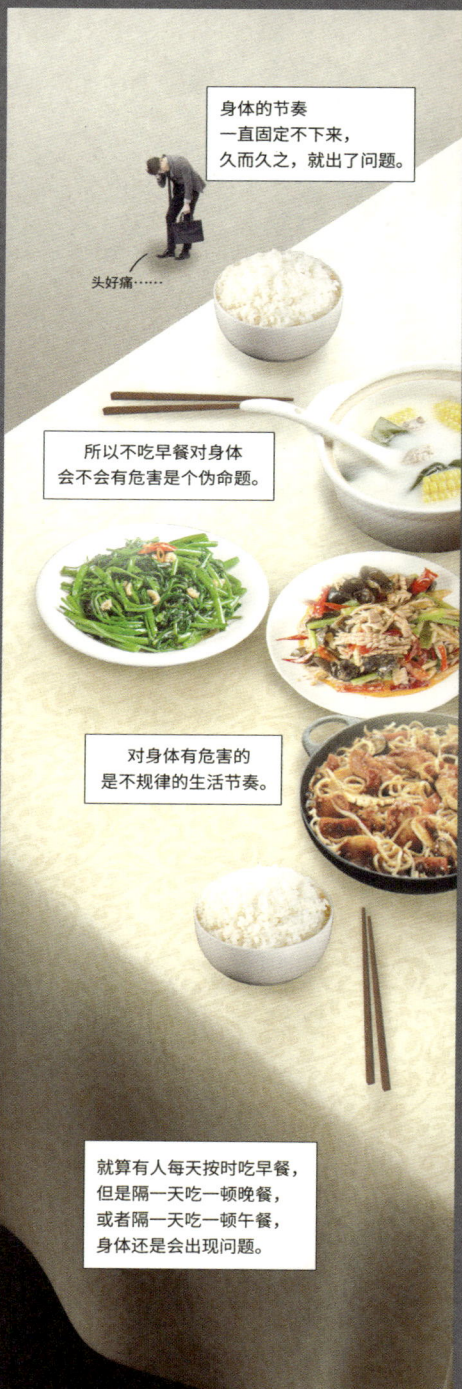

身体的节奏
一直固定不下来，
久而久之，就出了问题。

头好痛……

所以不吃早餐对身体
会不会有危害是个伪命题。

对身体有危害的
是不规律的生活节奏。

就算有人每天按时吃早餐，
但是隔一天吃一顿晚餐，
或者隔一天吃一顿午餐，
身体还是会出现问题。

如何保持身体健康是一个复杂的
问题，我们不能从早餐或者
某一餐上去片面地判断影响健康与否。

养成良好的生活习惯，
让身体适应自己的节奏，
才能真的健康。

一亿 "90后"
在凌晨3点糟蹋自己

我既是急于睡眠的肉体，
又是力图清醒的意识。

——村上春树《眠》

人的一生中，
睡眠占了近三分之一的时间。

陷

不幸的是，
38.2%的中国人都存在睡眠问题。

落

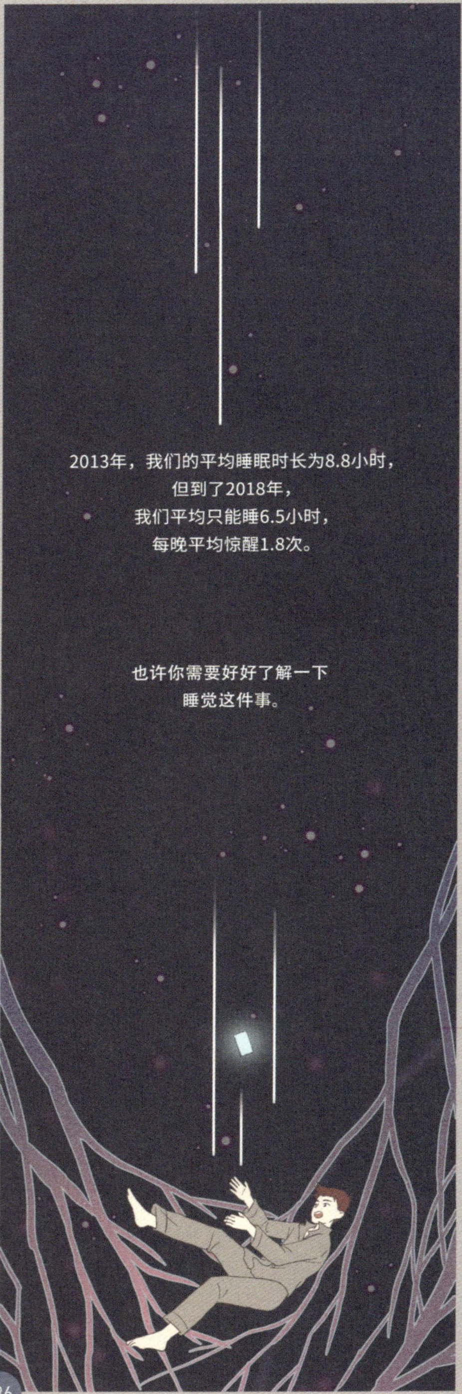

2013年，我们的平均睡眠时长为8.8小时，
但到了2018年，
我们平均只能睡6.5小时，
每晚平均惊醒1.8次。

也许你需要好好了解一下
睡觉这件事。

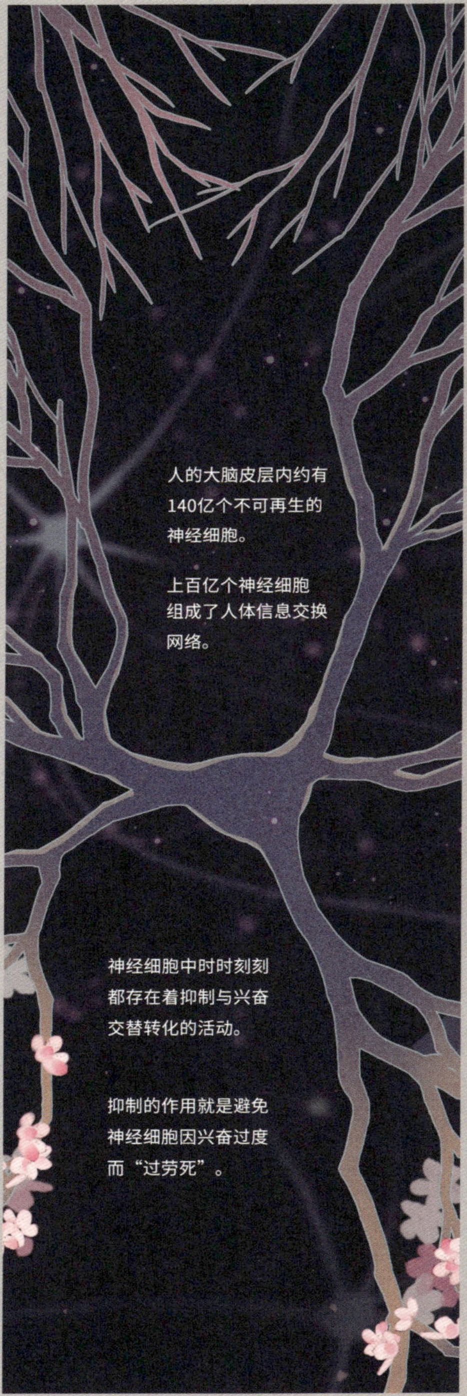

人的大脑皮层内约有
140亿个不可再生的
神经细胞。

上百亿个神经细胞
组成了人体信息交换
网络。

神经细胞中时时刻刻
都存在着抑制与兴奋
交替转化的活动。

抑制的作用就是避免
神经细胞因兴奋过度
而"过劳死"。

当抑制作用占优势的时候，我们就会产生想睡觉的生理反应。

所以，睡觉是一种人体对大脑本能的自我保护。

睡觉时放松的身体，让很多人误以为睡着后的大脑也是处于放松休息状态的，

实际上并非如此。

例如，加拿大鹅在睡觉时仍然会保持警惕，

每当有威胁靠近就会醒来，然后找个安全的地方继续休息。

这便是生物的单半球睡眠。

在休息时，一半的大脑保持警觉，另一半的大脑进入深度睡眠。

鲸鱼、海豚和海豹等生物都有这种技能。

这个发现给了科学家们一个启示：

人类的大脑在睡觉时应该也是不断运转着的。

那么我们的大脑在睡觉时究竟在做什么？

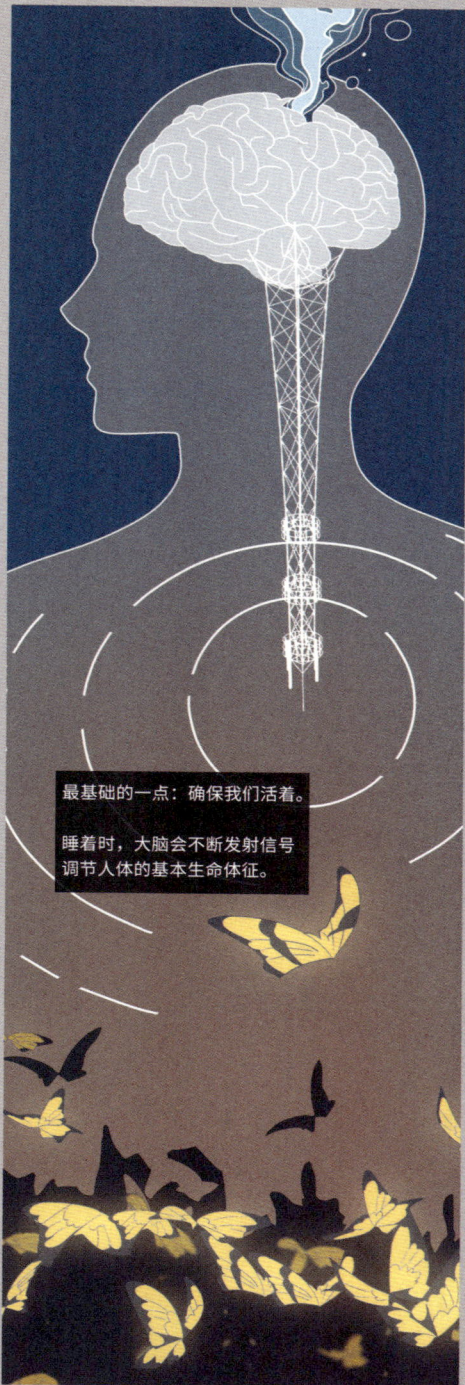

最基础的一点：确保我们活着。

睡着时，大脑会不断发射信号调节人体的基本生命体征。

以及在清醒后能明确感知到的
——做梦。

睡眠时我们会处于两种交替的状态下，

快速眼动睡眠和非快速眼动睡眠。

快速眼动睡眠简称REM，
又叫深睡眠。
非快速眼动睡眠简称non-REM，
又叫浅睡眠。

做梦大多数发生在快速眼动睡眠期。

顾名思义，
快速眼动睡眠时我们的
眼球会快速转动，

呼吸和心跳变得不规律，

肌肉完全瘫痪，并且很难被唤醒。

如果你在做梦时被叫醒，
醒来后会感觉到身体更加疲劳。
其实这只是你的肌肉还处在
瘫痪放松的状态，没有彻底复苏。

对我们来说，做梦这件事是每晚能切身体会到的。
我们可以感受梦境，却无法解释梦境。
人的一生要花大概 5.2 万个小时做梦，相当于整整 6 年。

在对一万个人的
梦境进行分析后，
科学家们发现，
女性做噩梦的数量
要多于男性。

为什么会做梦？

梦境是如何构成的？

梦境是在暗示什么吗？

女性更多梦到情感，
而男性更多梦到灾难。

这就是我们的梦境，
是对过往记忆的
二次拼接与重新构建。

当我们进入睡眠状态时，
储存在海马体中的记忆
会被发送至大脑皮层中
与其他记忆合并。

大脑将不同的记忆匹配
起来进行处理，
记忆的片段以画面和声
音等形式构成一个全新
的意识世界。

尽管梦境的意识世界充
满了奇幻的奥秘，
但科学家们依然能触及
真理的门槛——

虽然我们大多数人
都认为梦没有规则，

但实际上梦境是
生活的延续，

并赋予我们生活全新的意义。

人在做梦时，大脑对白天接收到的信息进行梳理与整合。

生活

哪些是重要的，哪些是不重要的；
哪些需要在意，哪些需要无视。

常言道，日有所思，夜有所梦。

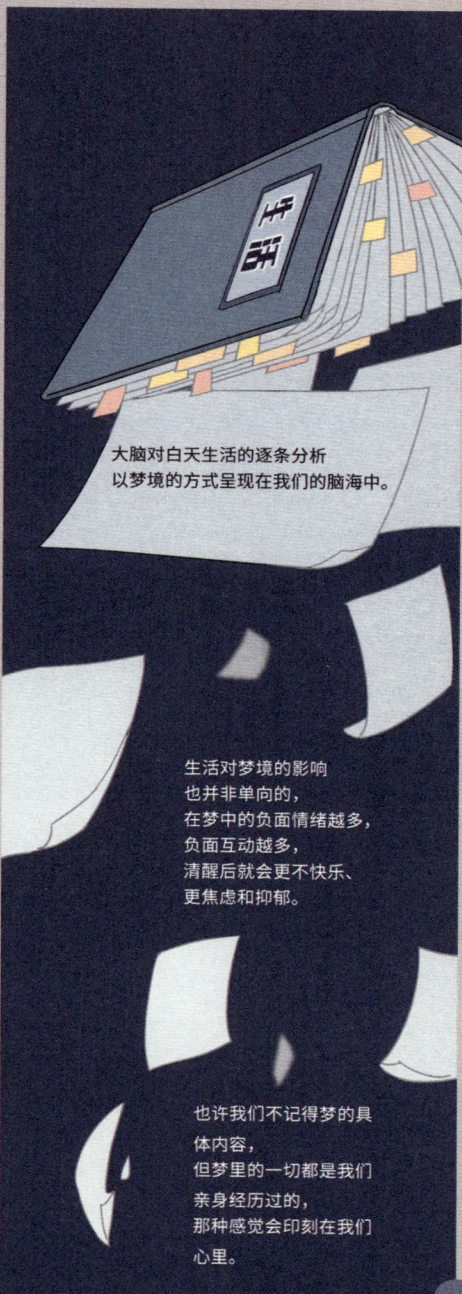

大脑对白天生活的逐条分析
以梦境的方式呈现在我们的脑海中。

生活对梦境的影响
也并非单向的，
在梦中的负面情绪越多，
负面互动越多，
清醒后就会更不快乐、
更焦虑和抑郁。

也许我们不记得梦的具
体内容，
但梦里的一切都是我们
亲身经历过的，
那种感觉会印刻在我们
心里。

所以那些说自己做了不好的
梦而影响心情的人，
真的不是无病呻吟，
而是有科学依据的。

以前我们只是粗浅地认为
睡眠有助于保持清醒，

但随着科学研究的深入，
人们发现睡眠的质量
决定了生活的质量。

睡着后的大脑在某种程
度上促进了清醒时的大
脑功能，

睡眠不足则会导致大脑
出现问题。

睡眠可以巩固我们的记忆，
需要记忆的内容越复杂，
我们从睡眠中获得的益处就越大。

当我们睡眠不足时，
白天摄入的信息便无法归档。

我们需要睡眠，
否则将忘记一切。

所以通宵复习
是完全没有用的,
只会适得其反。

而且通宵后的脑子
比生锈的水龙头
还要"难拧"。

每个人的一生会做出
无数个没有参考答案的选择,
很多时候,
做出选择靠的是**直觉**。

人们的直觉受到情感记忆的影响,
我们经历的每一件事都会被大脑
判断为积极或消极,
这就是**情感记忆**。

积极 消极

大脑内的腹内侧前额叶皮质是
控制我们情绪和记忆的关键,
当我们缺乏睡眠的时候,
这个组织便会停止运转。

这种感觉就像大脑受了损伤,
我们的情绪记忆仿佛被锁死了,
无法做出有效的判断。

睡眠不足除了造成"脑损伤",
还会影响我们的饮食。

我们的食量受两种因素的影响——
胃饥饿素和瘦素，
胃饥饿素向大脑传递饿了的信号，
瘦素向大脑传递吃饱了的信号。

但是睡眠不足会导致
这个传递系统崩溃，
大脑接收不到停止进食的
信号便会一直吃下去。

最终，越吃越多，越吃越胖。

以上都是经过睡眠剥夺
实验得出的研究结论，
但在现实生活中，
睡眠剥夺无处不在。

睡眠剥夺的原因也五花八门。

有人是为了弥补
白天被工作压榨的
个人时间。

有人沉迷
娱乐与游戏
无法自拔。

还有人只是单纯地
睡不着。

前两者是主动熬夜，后者是被动失眠。

熬夜和失眠，

是当代人正面临着的最大睡眠问题。

从真正意义上讲，
0点入睡属于熬夜。

从内分泌的角度上讲，
11点后入睡也属于熬夜。

从睡眠被剥夺的大多数人讲，
1点入睡都属于早睡。

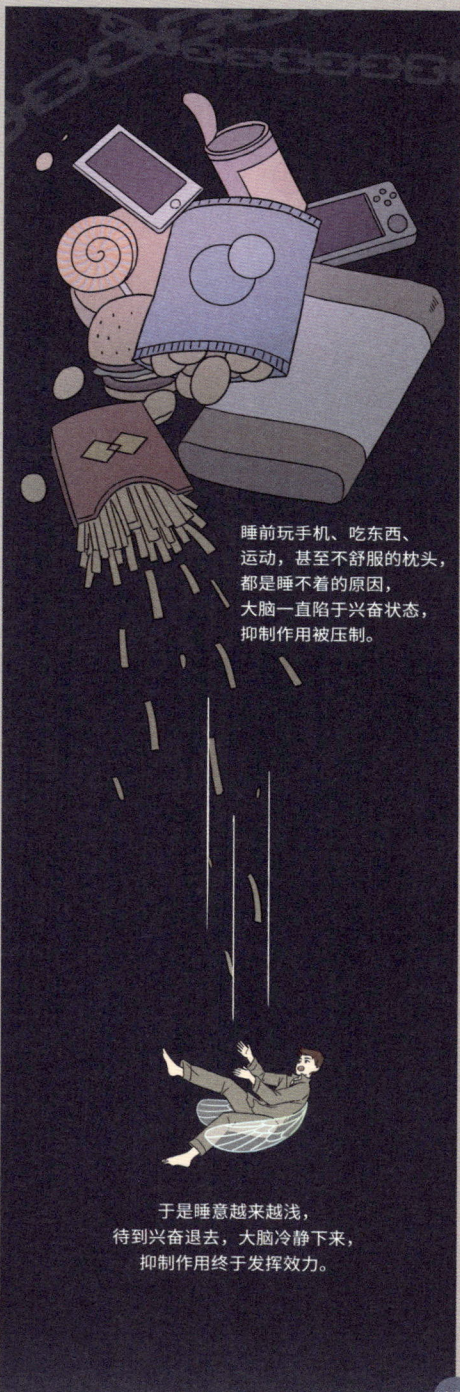

睡前玩手机、吃东西、
运动，甚至不舒服的枕头，
都是睡不着的原因，
大脑一直陷于兴奋状态，
抑制作用被压制。

于是睡意越来越浅，
待到兴奋退去，大脑冷静下来，
抑制作用终于发挥效力。

如果世界末日，
你的城市什么时候
被洪水淹没

啊————

此时,
全世界的冰正在飞速融化。

扑通!

2019年8月1日这一天,
120亿吨格陵兰岛冰川融化,流入海里,
创下格陵兰岛冰川单日融化的最高纪录。

格陵兰岛

如果格陵兰岛的冰川全部融化,
海平面将上升6米。

上海将会被彻底淹没,
一栋栋摩天大楼在海浪中孤独守望。

大部分沿海城市被海浪蚕食,
全中国将有多达1亿人无家可归。

喜马拉雅山脉冰川正在加速融化!

过去40年里,
喜马拉雅山脉冰川可能
已经消融了近四分之一。
预计到2050年,
喜马拉雅冰川将消失三分之二。

*数据来源:http://news.sina.com.cn/o/
2019-06-20/doc-ihytcerk8166774.shtml

如果喜马拉雅山脉冰川全部融化,
长江、黄河的水流量将激增数倍,
以三峡大坝为首的水利大坝会接连
决堤,洪水漫延。

在黄河流域和长江流域
生活着的5亿人将面临洪灾。

北极冰川正在加速融化！

啊——

近30年，北极冰川的
融化速度加快了6倍！
在未来35~41年，
北极熊的数量
将大幅下跌三分之一，
从2.6万头降低
到1.7万头。

南极冰川正在加速融化！

受到全球气候变暖的影响，
南极冰川每年损失的冰
重量高达3000亿吨。

南极大陆70%的冰川
正以不可逆转的趋势消退，
融化速度远远超出
科学家的预计。

● 全世界的冰融化了1%

相当于南极和格陵兰岛之外的
所有冰川融化，
海平面上升了0.7米。

马尔代夫、夏威夷等国家和地区，
以及上海、天津等中国沿海低海拔地区
开始被海水蚕食。

海水向你发起了进攻，
开始席卷全球范围内大大小小的沙滩。

澳大利亚黄金海岸、夏威夷海滩、
斐济主岛海滩、厦门鼓浪屿、
青岛金沙滩、三亚亚龙湾……

无论你去过的还是没有去过的、想去的地方，
都将从地图上逐渐消失。

● **全世界的冰融化了2%**

相当于整个澳大利亚的淡水储量，
海平面上升了1.4米。

斐济、马尔代夫、基里巴斯等国家
已经不复存在，
菲律宾三分之一的国土消失。

从孟加拉国到美国的佛罗里达州，
低洼沿海地区也会被上涨的海水吞噬……

海水开始漫延宁波、天津，
以及上海的大街小巷，
中国沿海城市正在失守。

你被迫放弃学业、工作及家园，
不得不逃离江浙地区，
开始流离失所的生活。

● **全世界的冰融化了5%**

相当于整个非洲的淡水储量，
海平面上升了3.5米。

3.5m

纽约、东京、孟买等沿海城市大部分被淹没。
高频率的超级飓风出现，
一步步摧毁人类建筑。

海水顺着江河流域飞涨

⚠ WARNING WARNING WARNING ⚠

上海告急！ 天津告急！
宁波告急！ 苏州告急！
无锡告急！ 南通告急！

⚠ ARNING WARNING W. ⚠

苏州园林、周庄古镇将被海浪夷为平地。
太湖已经成了大海的一部分，
太湖沿岸的居民不得不背起行囊，
朝南京进发。

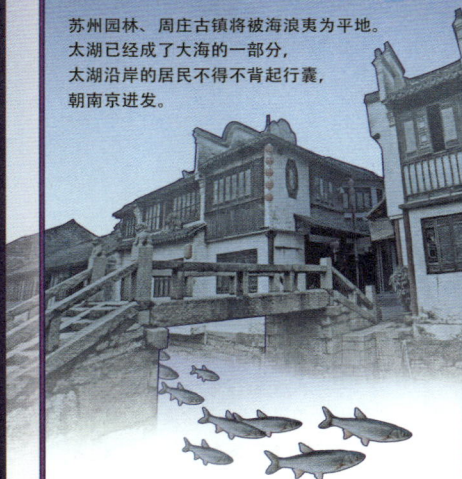

全世界的冰融化了10%

相当于欧洲和北美洲总淡水储量，
海平面上升了7米。

威尼斯、马尔代夫、
夏威夷、瑙鲁等地
已经彻底成为水下世界。
我国的广东及港澳等地受到威胁，
海水开始影响山东沿海地区。

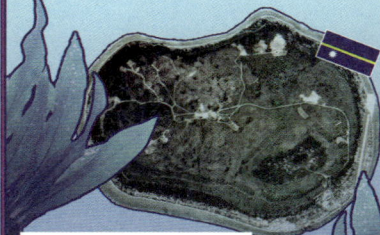

玄武湖已经从你眼前消失，
海浪侵蚀着南京夫子庙，
你被困在了紫金山。

在绝望的人群里，
你们感到孤立无援。

全世界的冰融化了15%

相当于亚洲总淡水储量，
海平面上升了10米。

整个南京，
在你眼前逐渐变成了
汪洋大海。

天津大部分地区，
浙江北部开始陆续消失，
安徽大面积受到威胁。

被困在上海中心大厦里的朋友
给你发来一张照片:
6米以下的建筑
全部消失在了海底。

陆家嘴高层建筑,
它们有了一个新的名字——
陆家嘴群岛。

此时,海水遍及全球180多个国家、
6.34亿人的家园被淹没。
你感到触目惊心。

全世界的冰融化了20%

相当于亚洲和北美洲总淡水储量,
海平面上升了14米。

南京城已经从你眼前消失,
江苏只有少部分高地
还在你的视野之中。

海水顺着长江往上,
迅速淹没马鞍山、芜湖,
到了合肥城下。

喜马拉雅山脉冰川逐渐融化,
引发中国、印度、尼泊尔、不丹境内
近50个冰川湖决堤。

汹涌的长江水,从西藏到重庆,
从重庆到武汉,一直奔流到你的脚下。
你第一次意识到,冰川融化,
不仅仅是吞噬海岸线。

全世界的冰融化了30%

相当于除了亚洲之外的总淡水储备,
海平面上升了20米。

⚠ WARNING WARNING WARNING ⚠
⚠ **大连告急! 青岛告急!** ⚠
⚠ **杭州告急! 厦门告急!** ⚠
⚠ **广州告急! 香港告急!** ⚠
⚠ **澳门告急! 深圳告急!** ⚠
⚠ WARNING WARNING W. ⚠

江苏被海水完全淹没,
你终于等到救援队赶来,
带着你离开了紫金山。

你看到湖北正在被海水侵蚀,
山东省被切成了两半。
那些没有来得及救援的人
被海水无情地卷入海底。

全世界的冰融化了40%

相当于整个世界的淡水储备，
海平面上升了30米。

救援队为了救更多的人，
带着你去往了全国各地。
合肥开始沉没，
武汉逐渐从你眼里消失。

山东沦为岛屿，
华东一带全部被海水淹没，
整个华北平原连成了一片汪洋。

数亿同胞受灾，
数千万同胞生离死别。

终于，救援队带着你
来到了中国现存的
新兴的最大沿海城市——北京。

全世界的冰融化了50%

超过全球所有陆地的总淡水储备量，
海平面上升了35米。

北极融化的冰水顺洋流而下，
在欧洲北部和美洲东北部
产生冷却效应。

大洋环流模式遭到破坏，
全球气候进一步恶化。

WARNING

WARNING

WARNING

WARNING

WARNING

你在暂时安全的北京，
通过新闻看到超级飓风频登陆中国。

海水席卷到河南、四川、陕西地区，
半个中国被淹没。

大半个中国受灾，
到处都是绝望的声音。

全世界的冰融化了60%

南极大陆冰川融化了一半，
海平面上升了40米。

⚠ ⚠ ⚠ NG WARNING WARNII
杭州告急！长沙告急！
南昌告急！沈阳告急！
⚠ ⚠ ARNING WARNING W

湖南省北部大片地区开始沉没。

你翻开实时地图，
孟加拉国几乎已经消失。

中国大部分沿海城市
已经没有了踪影。

北方的噩耗也频频传来——
大陆冰川迅速融化，
释放出了超强能量。

地质变化过程有更多的
反应和运动空间，
剧烈海啸、火山爆发和
地震接踵而至。

渐渐地，
这一切快要超出你所能接受的范围。

全世界的冰融化了70%

南极大陆冰川已经只剩下不足三分之一，
海平面上升了50米。

海水顺着海河淹没了天津大部分地区，
漫延到北京城的大街小巷，
一直到了你小区的脚下。

整个华北平原，
你已经看不到多少陆地，
济南渐渐从地图上消失。

包括武汉在内的长江中下游平原，
已经彻底变成一片汪洋大海。

冰川中覆盖的几百至几万年前的微生物
和病毒暴露出来，无数致病性强的病菌出现，
前所未有的超级疫情开始在全球暴发。

你被隔离在自己的房间内，
哪里也去不了。

全世界的冰融化了80%

南极大陆冰川已经只剩下五分之一，
海平面上升了55米。

地球上覆盖的大面积冰川
能大量反射太阳光，
有助于人类居住的地球
保持适宜温度，
不至于升高。

随着冰川大部分融化，
地表和海面持续吸收太阳热量，
气温不断升高。

南极释放大量甲烷气体，
全球温室效应加重。

你眼前的北京城已经
变成了新的威尼斯水城，
气候更加恶劣。

人类的命运将走向何方？
你已经看不到任何希望。

全世界的冰融化了90%

南极大陆冰川消失绝大部分，
海平面上升了60米。

实时地图

你忐忑地查看实时地图，
触目惊心。

整个中国东部，
除了岭南高海拔地区，
几乎全部被淹没。

辽东半岛、华北、华东大部分
以及浙江绝大部分地区
都被海水淹没，
山东半岛被分成了两个孤岛。

SOS

SOS

此时的你依旧被困在
高层建筑之中，
全中国数亿人
都陷入了绝望。

全世界的冰融化了100%

地球上的所有白色区域消失，
海平面已上升70米。

看着实时地图，你发现——

南极洲大陆变得四分五裂、
面目狰狞，正如你现在的内心。

海南、舟山、台湾等大大小小、
成千上万个岛屿，
绝大部分消失在了海底。

亚洲西部的黑海、
里海与地中海贯通，
从此成为地球上最大的内陆海。

此时——

亚洲：

孟加拉国已经从地图上消失；

印度也被海水蚕食了
大部分海岸线；

整个柬埔寨的西南数百千米的地区
被来自湄公河的洪水淹没；

哪怕高达 1800 米的豆蔻山
此时也成了海中孤岛。

北美洲:

墨西哥湾沿岸大部分地区沦陷;

美国纽约地区,
只有联合国大厦及部分
摩天大楼硕果仅存;

美国著名火箭发射基地所在的
佛罗里达州已经完全沉入
大洋之下,
曾经把人类送上月球的地方,
不复存在。

南美洲:

亚马孙河及巴拉圭河原本的
下游区域不复存在,
形成了大西洋新的入海口;

巴拉圭绝大部分的领土、
乌拉圭全部沿海及阿根廷首都
布宜诺斯艾利斯,都被海水
淹没;

中美洲多山地区,除了加勒比海
之外的地区全部沦陷。

欧洲:

威尼斯沉入了亚得里亚海近70米之下;

地中海海水越过土耳其,
与里海和黑海连成一片;

伦敦成了永久的记忆。

法国巴黎的埃菲尔铁塔,
只能看见塔顶;

而荷兰、英国为首的
几十个低洼地区的国家
已经不复存在;

丹麦等海拔稍高的地区
也被淹没。

非洲：

非洲海岸线附近的海拔通常比较高，大部分的海岸线都留了下来；

但海水依旧会顺着尼罗河流域往上淹没埃及最负盛名的两座历史名城：亚历山大和开罗。

除此之外，
由于冰川融化之后，地球表面温度空前提升，
非洲已经完全不适合人类居住。

澳大利亚：
出现巨大的内海。

全球范围内，
9亿人的家园被完全淹没，
数十亿人受灾。

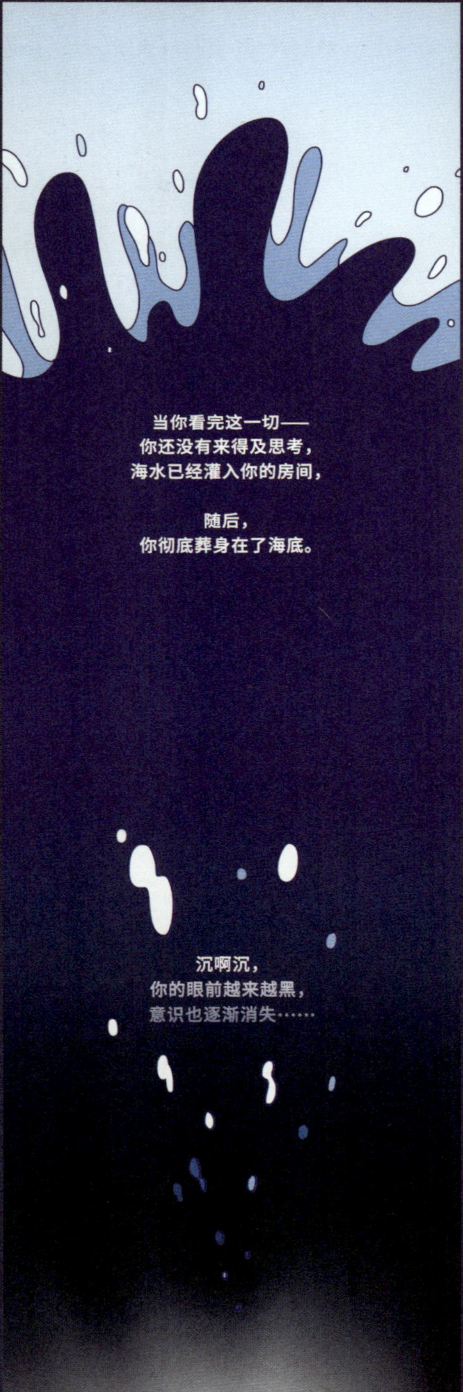

当你看完这一切——
你还没有来得及思考，
海水已经灌入你的房间，

随后，
你彻底葬身在了海底。

沉啊沉，
你的眼前越来越黑，
意识也逐渐消失……

突然，
眼前亮起了一团白光……

你回来了！

现在是2020年，
全世界的冰并没有全部融化。

过去200年里，
全世界的冰融化了0.2%～0.3%，
海平面上升了10～20厘米。

你心中庆幸。

但你很快惊心地发现——

全世界的冰正在融化，
全球的气候正在悄悄发生改变，
未来 100 ～ 200 年内，
全世界的冰即将融化 1%。

海平面已无法避免将上升至少 1 米。

WARNING

你刚刚经历的一切，
正在一步步地变成现实。

你还愿意看到全世界的冰
继续融化 2%、5%、10%……
直到全部融化吗？

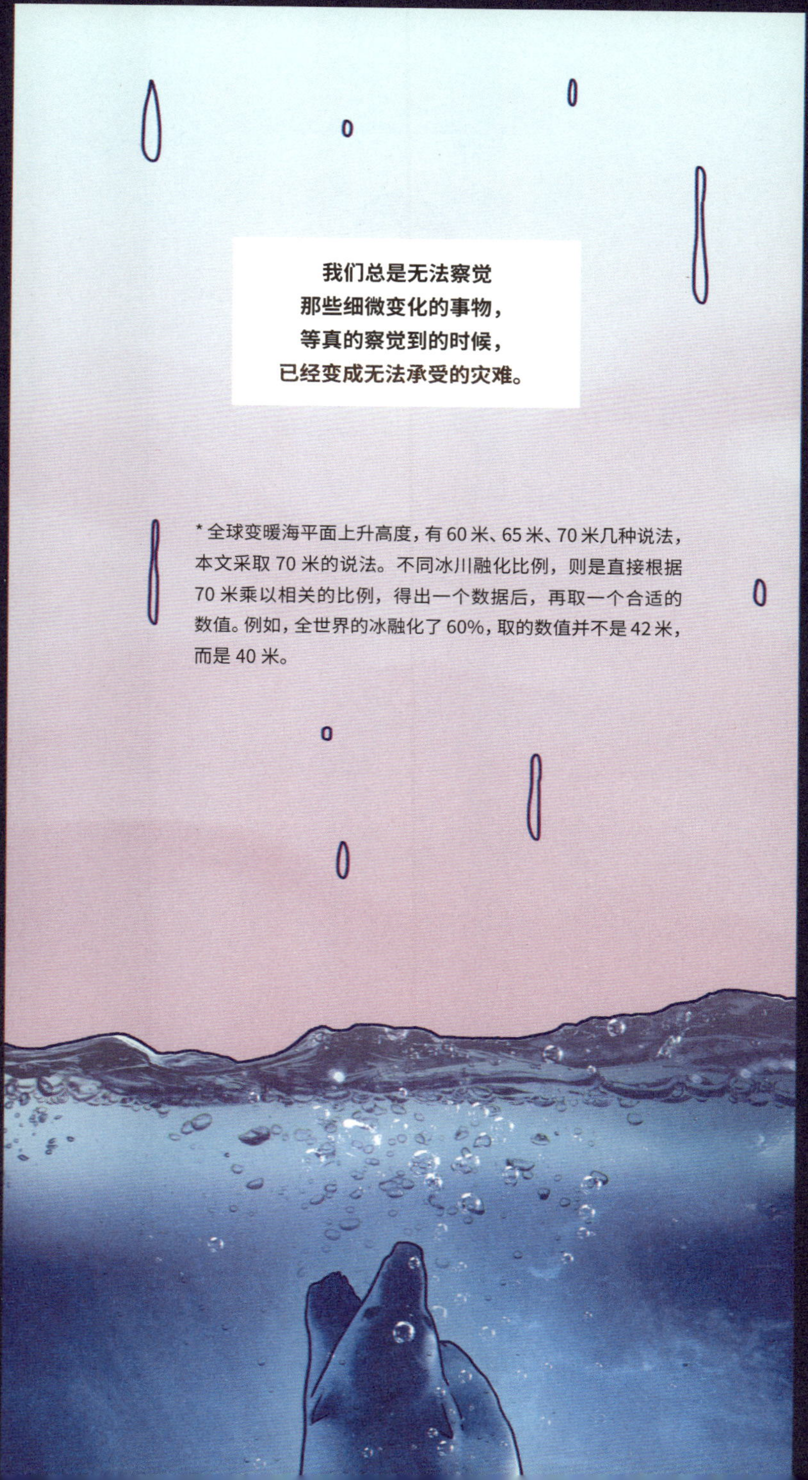

我们总是无法察觉
那些细微变化的事物，
等真的察觉到的时候，
已经变成无法承受的灾难。

* 全球变暖海平面上升高度，有 60 米、65 米、70 米几种说法，
本文采取 70 米的说法。不同冰川融化比例，则是直接根据
70 米乘以相关的比例，得出一个数据后，再取一个合适的
数值。例如，全世界的冰融化了 60%，取的数值并不是 42 米，
而是 40 米。

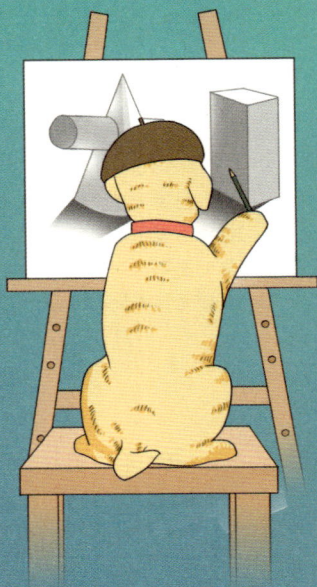

动物真能看见人看不见的

东西吗

你给猫主子换上了一件新买的衣服，
粉嫩的长裙点缀着蓬松的身躯，
把它的可爱又放大了好多倍。

但是猫主子并不这么认为，
它扭动身姿，非常狰狞地瞪着你。

"快给本姑娘脱下来！"

在你看来，这条长裙十分可爱；
在它眼里，跟一团裹在身上的泥巴差不多。

因为猫的眼睛和人的不一样，
动物眼球上有一个重要的部分——
视锥细胞。

视锥细胞对光线的明暗不太敏感，
却能帮助我们区分不同的颜色。

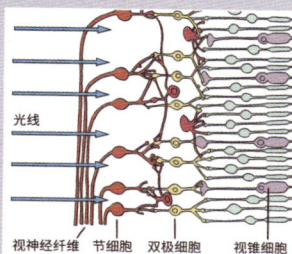

光线

视神经纤维　节细胞　双极细胞　视锥细胞

健康的人类拥有三种视锥细胞，
正好对应红、绿、蓝三种基色。

在人眼这个神奇的调色盘上，
这三种颜料相互混合叠加，
绘制出五彩缤纷的世界。

171

同样地，动物也能辨认颜色，
原理和我们别无二致，都是靠视锥细胞。
只是不同动物的视锥细胞差异巨大。

大多数哺乳动物都是二色视觉。

在猫的眼里，世界是很暗淡的，
没有红，没有绿，满是一片片的蓝和棕黄，
好像加了一个复古老照片的滤镜。

因此当你给猫主子
强行套上你认为好看的衣服时，
猫主子会激烈反抗，
可能是因为它真的觉得很丑。

你走开！

狗的辨色能力较弱，无法分辨红色和橙色。
它们的眼中，世界是蓝紫色的。

当你的狗对着墙叫个不停，
而你什么也看不见的时候，
那儿可能真的有什么不可名状的东西……

汪汪汪!!!

???

但它们对阴影的辨识能力很强，
能够区分40种灰色的阴影，
如果它们的爪子能拿起画笔，学起素描来，
层次感肯定把我们人类秒杀。

我是毕加索!

牛的视觉非常"燥热"，
它们无法分辨多种颜色，
眼中的世界充斥着红与橙。

当斗牛士挥起红色的斗篷，
牛只是对舞动的斗篷产生了敌意。
它们的眼睛看什么都很大，
小小的斗篷也会成为巨大的威胁。

它们还有个
"特异功能"：
凭肉眼看见紫外线。

所以，那片红不是给牛看的，是给我们看的。
其实用蓝内裤也行，但是内裤没那么大。

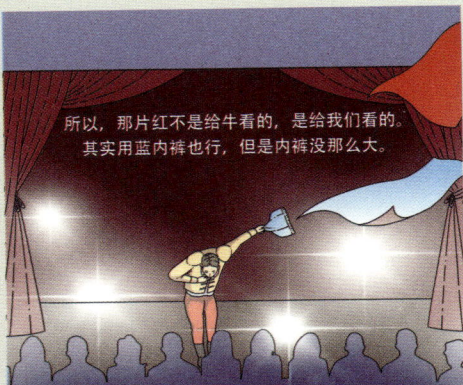

大部分鸟类是四色视觉，
它们眼中多是我们不曾见过的颜色，
我们无法想象，也无法形容。

马的眼睛更加有趣，
两边极为宽广，
但中间视线交验处有着一条很宽的黑线，
如果你恰好站在这条黑线中，
马是看不见你的。

在我们看来已经非常华丽的孔雀，
在它们自己眼里，
华丽的羽毛恐怕更是光芒闪耀。

S S R

即使在黑线外，
它也只能看到一个灰黄色的你，
最多再加一点点蓝。

到了鱼类，世界又变得千奇百怪起来，
金鱼的世界好似一个布满珊瑚的圆球。

相较于哺乳动物，
鸟类的视觉则丰富得多。

鲨鱼的世界是非黑即白的。

嗡嗡嗡

嗡嗡嗡

到了苍蝇这儿，
又恍惚回到了20世纪80年代，
脑中回荡着蒸汽波的迷醉。

但如果要问真正的色彩大师是谁？
还得是我们熟知的美食——皮皮虾。
它拥有16种视锥细胞，
能看到紫外线、红外线，甚至偏振光。

皮皮虾的世界里，
即使是我们日常所见最暗淡的颜色，
也会散发难以言说的光芒。

想必它临死前看到的盖在自己头上的蒸笼
应该也是闪着光的，美丽无比。

不过以上都是在白天的前提下。
到了夜晚，我们人类的眼中
就只剩下乌泱乌泱的一团黑。

这是因为虽然人类的视锥细胞还行，
但视杆细胞却十分弱；
而视杆细胞对光线亮度非常敏感，
几乎全部用于夜视力。

白天人类称王，
夜晚猫狗主场。
猫狗的黑夜是彩色的，
是迷人的。

当你半夜上厕所不慎摔倒的时候，
你愤怒地敲打地面，咒骂没开灯太黑，
你的猫主子只会看着亮堂堂的地板，
对你的"迷惑行为"歪头吐出一句：

就这？

？？？

猫的夜视力到了深海鱼面前又不值一提。
漆黑一片的海底本应该暗淡无光，

银眼鲷却在百万年的进化中，
完成了对微光层环境的彻底适应。
它眼睛瞪得像铜铃，
在黑暗中看到了五彩斑斓的海底世界。

等等，原来这就是甲方要求的
"五彩斑斓的黑"！
这么说来，我们无法理解屏幕那端的要求，
很可能并不是他们异想天开，

修改意见：五彩斑斓的
黑，七彩琉璃的白，向
右挪一像素……

而是因为屏幕那边坐着的是
一条银眼鲷鱼？

色彩真是一种神奇的东西，
明明是同一道光，
但因为眼睛不同，
看到的就是两个不同的世界。

正如色彩一样，
在你眼里，
自己是猫猫的唯一挚爱，
是它的拥有者，
是伟大撸猫者。

可在你的猫主子眼中，
你只不过是一只
会伺候它吃喝，
会给它撸毛，
会给它铲屎，
体形壮硕的、友好的、
没有捕食能力的——
大懒猫罢了。

猫从高处落下

为什么
总能四脚着地

曾经有一个有趣的思想实验，
名为黄油猫悖论。

这是将两种民间常识结合于一体
得出的悖论。

猫咪悬空坠落，总是四脚着地。

将面包抛向半空，永远是沾有黄油的一面落地。

假设把面包
没有涂抹黄油的
那一面固定在猫背上，

将猫从半空中抛落，

那么你将得到一只
无限旋转的永动猫。

无论黄油猫悖论矛盾与否，
但凡同猫咪玩耍过的人都知道，
猫咪从高处落下总是四脚着地。

"righting reflex"（翻正反射）
特指猫从高处掉落时的定向转身，
"猫旋现象"是其通俗的说法。

猫的骨骼结构特殊，
身体柔软轻盈。

猫可以通过弓蜷身体，
将自己构成一个
完整的矢量三角形。

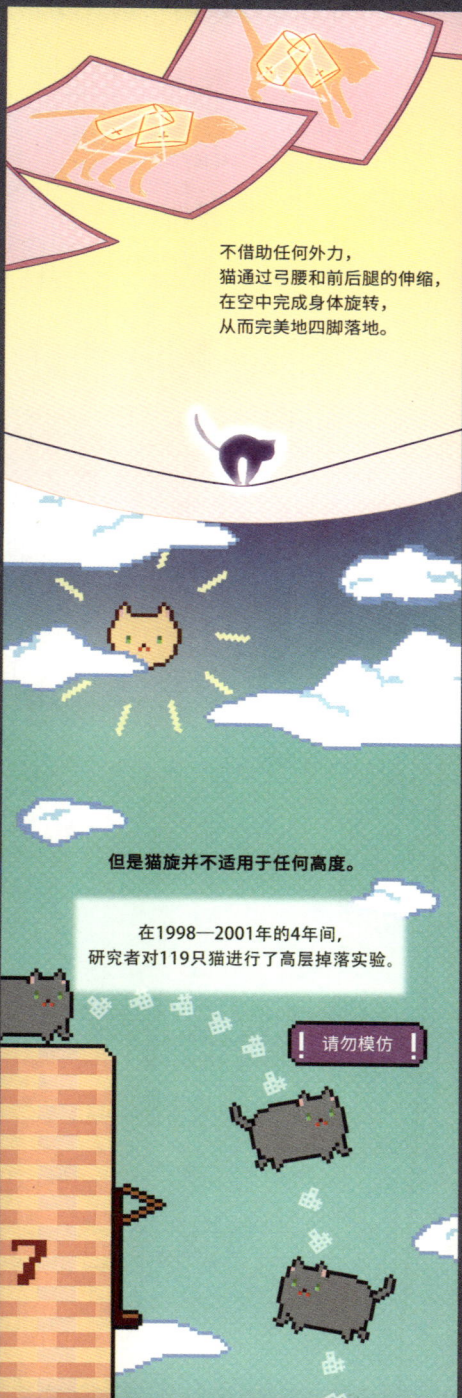

不借助任何外力，
猫通过弓腰和前后腿的伸缩，
在空中完成身体旋转，
从而完美地四脚落地。

但是猫旋并不适用于任何高度。

在1998—2001年的4年间，
研究者对119只猫进行了高层掉落实验。

请勿模仿

7

研究结果显示：
从2层至7层掉落的猫
基本都是四脚着地；

6

而从7层以上楼层掉落的猫
则会将四肢摊开，
如同打开的降落伞一般，
用腹部着地。

汪?

5

这种肚皮着陆的降落方法，
可能使猫出现胸腔损伤、
肋骨骨折等情况，
但是降低了摔断腿的风险。

4

猫在下落5层之前处于加速状态，
下落5层之后切换为自由落体状态，
空气摩擦力抵消了重力导致的加速度。

3

停止加速的同时，
重力也出现短暂的消失，
在此情况下，猫无法完成猫旋动作。

不过世界之大，无猫不有。
如今常年蜗居于人类公寓的家猫，
它们从半空着陆的方式
可谓千奇百怪。

一、侧空翻转体下巴颏落地

二、四脚朝天背越式落地

三、对钩型自由佛系落地

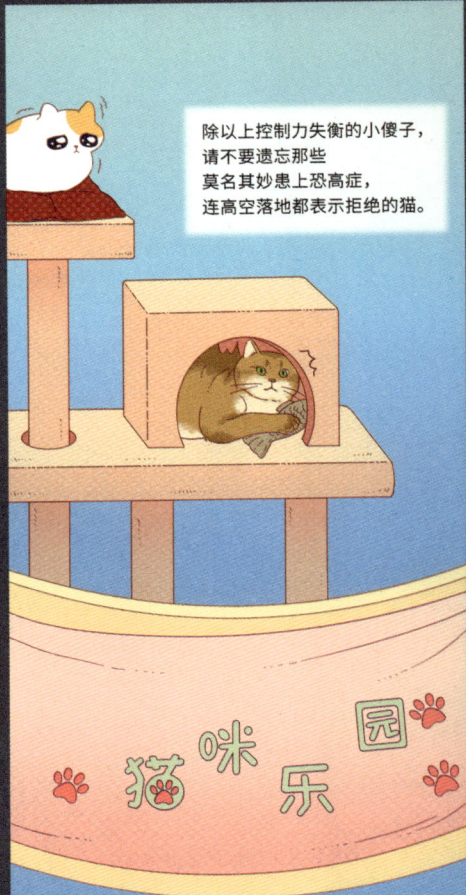

除以上控制力失衡的小傻子，
请不要遗忘那些
莫名其妙患上恐高症，
连高空落地都表示拒绝的猫。

猫咪乐园

人类豢养猫的缘由在近20年间发生转变，
原先猫最为人倚重的捕鼠灭害功能
已逐渐被排遣孤独代替。

拥有一只猫成为现代空巢青年的生活标配。
背井离乡来到陌生的城市工作，
终日为独来独往的单身生活所折磨。

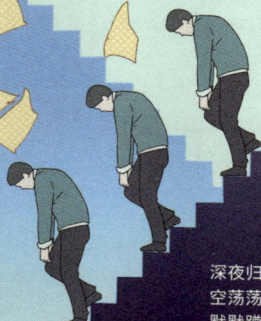

深夜归家，
空荡荡的房间里有一只猫
默默蹲坐在门口等你，
心里倒是备感慰藉。

宠物猫的地位在
猫奴无下限的宠爱中
乘坐火箭筒般急速攀升，
猫的物质生活水平
呈飞跃式进步。

它们每天从1.9米高的5层豪
华猫爬架上醒来，缓慢走向
提供生骨肉自助餐的食盆。

吃饱以后，
选择阳光最好的地方打盹休息。

日复一日，年复一年，
从青葱少年成长为油腻大叔。

猫作为小型食肉动物，
遵循物竞天择的自然法则，
进化出符合狩猎需求，
具备遗传性质的肌肉记忆。

但是当宠物猫进入衣食无忧的人类家庭，
在这样缺乏生存竞争的异化生存环境里，

其通过祖先基因代代相传的
猎食、躲藏等动物本能根本无处施展，

只能偶尔在人类构建的
以游戏锻炼为宗旨的
捕猎场景中施展一二。

宠物猫唯一需要学习"磨炼"的技能，
是提升自己卖萌的等级，
从而取宠于人类获取食物。

不再悄无声息地捕杀猎物
或是寻找可以遮风避雨的栖身之地，

Power
Speed
Balance
Sensitivity

这无形中减少了宠物猫开发运动神经的机会，
力量、速度、平衡感、灵敏度等
基本运动素养都在一定程度上被削弱。

一旦这些柔弱不能自理的宠物猫离开饲主，
将面对严酷的野生环境：

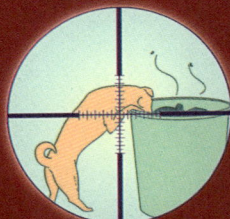

翻垃圾觅食比不过犬类。

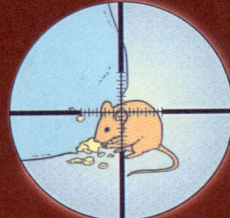

撕咬食物速度比不过老鼠。

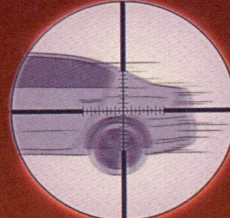

跑再快也快不过马路上的汽车。

等待它们的只有死亡。

同时，人类审美与市场供需也在违背"强者生存"的自然界淘汰法则。

苏格兰折耳猫

遗传性软骨发育不良，
易患肥厚性心肌病、
多囊肾病、
草酸钙结石。

曼康斯基短腿猫

四肢发育短小，
易发生疼痛性骨关节炎。

加拿大无毛猫

由于没有毛发，
皮肤直接裸露，
对温度极其敏感，
容易患上皮肤病。

曼岛无尾猫

出现脊柱发育不良、
脊柱闭合不全、
脊髓空洞症的
概率非常高。

这四类在身体特征上
存在明显缺陷的品种猫
却在宠物市场上备受追捧。

猫贩从人们好奇求异的消费心理中看到商机，
不断近亲繁殖这些基因残缺的品类。
可想而知，由审美决定的种族基因
在自然面前是多么不堪一击。

因此我们呼吁：
日常生活中请增强与宠物猫的游戏互动，
锻炼它们规避风险的能力，
适当恢复动物的天性与野性。

在选择养育猫或者其他宠物时，
请不要一时兴起、头脑发热、心血来潮，
自动给宠物代入乖巧黏人的设定。

不要只购买不陪伴。
不要在宠物表现不符合心理预期时
随意抛弃。

同时，请对流浪猫抱以善意，
它们只能在恶劣的街道环境里
存活一至三年。

还是那句老话：
可以不喜欢，但不要伤害！

为了舌尖上的享受，人类有多疯狂

五千年前的新石器时代，
中国先民由茹毛饮血过渡到农耕文明。

根据《说文解字》《世本》等文献记载，
黄帝部落的夙沙氏率先煮海为盐。

哇哦，真的太美味了！

盐不单是食物调味品，
还提供维持人体机能平衡的能量。

在"得盐者得天下"的观念引导下，
上古战争常以抢夺食盐为开战理由。

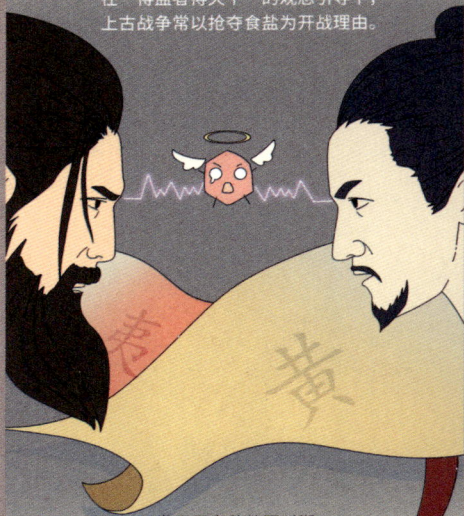

由于谷物缺少动物血液中的盐分，
于是人类产生了吃盐的独特需求。

发展至春秋战国时期，
制盐的方式不再拘泥于煮海。

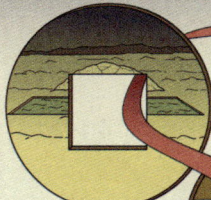

池盐、井盐、湖盐、
岩盐等多元化结晶
盐逐渐被古代盐民
开采出来。

随着制盐技术的成熟，
食盐产量猛增，
而生产成本却异常低廉，
其巨额的边际利润被官府看中。

渔盐资源发达的齐国首先提出"官山海"，
国家专营盐业的垄断制度
成为中国三千年榷盐制度的肇端，
此后盐税岁贡掌握着封建王朝的财政命脉。

最近财政缺钱怎么办？

大王垄断食盐就好，如此
每月多得6000万钱。

汉初解放盐禁以调养民息，汉武帝
时期为填补常年征战导致的国库
空虚，重新施行盐铁国家专营，
同时对私自制盐的人加以严惩。

自制

唐代正式设立榷盐法，
规定在全国产盐区设置盐官，
由官府向盐户统一购盐，
每斗加价百钱出售于市。

189

所谓"天下之赋,盐利居半"。

根据数据统计:
唐代盐利税收达到680万贯,
宋朝盐课最高税入超3000万贯,
清廷每年盐税高达1000万两白银。

食盐在中国古代为国营商品,
但是明清两朝秉持官商互惠原则,
商人开始介入食盐贩卖。

明洪武三年(1370年)
实行"开中制度",
让商人以运输粮草为代偿换取"盐引",
而盐引为分销官盐的凭证。

具有垄断食盐运销经营特权的盐商,
基本都是富甲一方的豪商巨贾。

《金瓶梅》第四十八回中,
西门庆勾结蔡京门徒蔡蕴以仓钞换盐引,
在一个月内暴利赚取两万两雪花银。

清代盐商大户齐聚扬州,
仅乾隆晚期,淮扬盐商捐输报效总额
高达3600万两白银。

清王朝失势覆灭后,
失去官方垄断经营权的依傍,
曾经盛极一时的盐商也跌落尘埃。

如今,食盐洗去历
史铅华,回归调鲜
菜肴的本质,依旧
被摆放在中国人的
灶台上。

根据中国健康教育中心
发布的《减盐健康教育手册》，
中国是全球盐摄入量最高的国家之一。

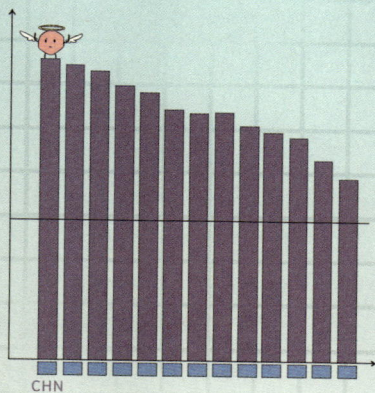

CHN

中国人每日盐摄入量平均约为10.5克，
为WTO（世界贸易组织）推荐摄入量的2倍。

食用过量的盐，除了容易引起
身体水肿、皮肤干燥粗糙等问题，
还会导致高血压、
心脑血管病等多种慢性病。

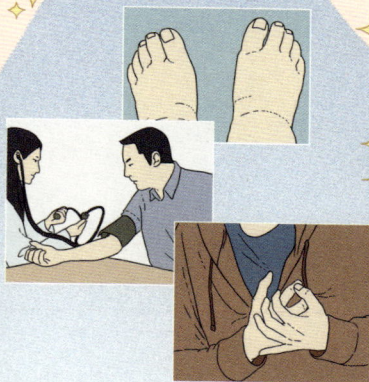

因此在日常饮食中，
请选择使用低钠食盐，
少吃腌制的腊味食品，
将低盐生活进行到底。

低　盐

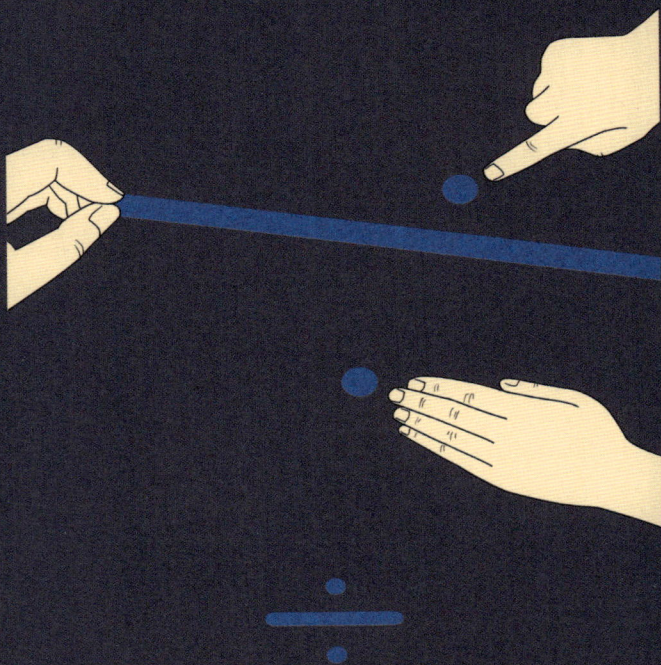

如何做作地使用
数学符号

睁开双眼，看看周遭。

我们生活在一个符号的世界里。
水杯、建筑、色彩、人，
好像不只是看上去那样纯粹。

德国哲学家卡西尔甚至
把人界定为
"符号动物"。
那么，符号究竟是什么？

从广义上来说，符号是一种象征，
用来指称和代表其他事物。
符号也是一种载体，承载着交流双方发出的信息。

比如好友突然给你发了一条搞笑视频，
你一脸鄙夷地甩给他个……

鄙视 深深的那种！

在这里，符号不仅表达了
你的无语，
还传递了一条信息：
你怕不是个二愣子吧……

符号之所以能行得通，
前提是传收两方对符号抱有共识，
如果你给一个对中国文化一无所知的
外国人看八卦图，
他可能会认为是某种调色盘。

对于符号的集体认同，
在茹毛饮血的蒙昧远古就已出现。
也就是图腾。

原始人出于对自然万物的崇拜，
将各种动植物认定为部落的守护神。
比如农耕部落就常以牛、马等家畜作为图腾。

部落成员将自己所尊敬的
图腾形象绘制在器物和饰品上，
于是图腾就成了区分不同氏族聚落的第一个标签。

除了简单的区分作用，
符号更肩负着营建人类文明的重大使命，
这就不得不提到阿拉伯数字的普及推广。

首创阿拉伯数字的并不是阿拉伯人，
而是古印度人。

公元500年前后，
古印度人还在使用烦琐的
古印度字母表示数字，
天文学家阿叶彼海特
开始探索简化数字的方法。

·	١	٢	٣	٤	٥	٦
0	1	2	3	4	5	6

٧	٨	٩	١٠	١٥	١٥٠
7	8	9	10	15	150

阿叶彼海特把数字记在一堆格子
里，用第一个和第二个格子表示
个位数和十位数，这个简单的尝
试成为印度数字的启蒙。

公元前3世纪，
在生产力和宗族祭祀的双重需求下，
印度逐渐出现了整套数字，
其中最有代表的是婆罗门式。

婆罗门数字的特点是从"1"到"9"，
每个数字都有专用的符号，
数字0则用小黑点表示。

孔雀王朝阿育王的诏令上
对婆罗门数字已有所记载，
印度数字的十进制规则这时
已经初见端倪。

在基础数字中，
看似简单的"0"是最晚被发明的。
0的梵文义为"空"。

印度大乘佛教的空宗认为一切皆空，
0的发明显然受到了这种教旨的启发。
自此，10个基础数字符号诞生了。

10

优秀的文化没理由淹没在尘埃中。
公元711年，印度旅行家毛卡长途跋涉，
来到盛极一时的阿拉伯帝国。

毛卡把随身携带的天文学著作《西德罕塔》
献给了当时的国王曼苏尔。

塔

彼时的阿拉伯人尚在使用烦琐的28个字母运算，
《西德罕塔》中简便的印度数字仿佛一道闪电，
划过阿拉伯世界上空。

于是，印度的数学家都被抓到巴格达，
被迫成为阿拉伯人的一对一家教，
印度数字迅速普及后便被阿拉伯商队掌握和使用。

枷锁抵挡不住历史的车轮。
13世纪初，意大利数学家
斐波那契在《计算之书》中
详细科普了阿拉伯数字的
优越性。

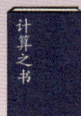

计算之书

公元6世纪，
勤劳勇敢的阿拉伯商人在亚欧间往返贸易，
印度数字在交易使用中渐渐流入欧洲，
由此扣上了"阿拉伯数字"的帽子。

阿拉伯数字终于在欧洲开枝散叶，
并逐渐影响世界各国。

与数字符号有所不同，
运算符号的发明和使用则更晚。

1202年，意大利出版了一本重要的数学著作
《计算之书》，
书中广泛使用了由阿拉伯人改进的印度数字，
阿拉伯数字开始席卷欧洲大陆。

但很快，阿拉伯数字与罗马数字狭路相逢。
由于宗教形态的对垒，
罗马教皇明令禁止使用阿拉伯数字，
违者要受牢狱之灾。

其实在四大文明古国的早期就
已经产生了加减法的运算概念，
但没有产生具体的运算符号。

在十三四世纪阿拉伯数字传入中国前，
中国人使用古老的算筹和算盘
来进行数字的表达和运算。

阿拉伯数字传入欧洲后，
欧洲人开始沿用印度人的老办法，
用单词的缩写来表示加减。

直到1489年，德国数学家魏德曼
用一道横线表示基础，在横线上
画了一道竖线表示在基础上增加，
"＋"号终于出现了。

于是魏德曼趁热打铁，
在"＋"的基础上减去一条
竖线表示减少，
"—"号也破壳而出。

发明"×"号的桂冠
落在英国数学家W.奥特雷德头上，
但"×"号很容易与字母x傻傻分不清楚。

"×"　　　　"X"

于是德国数学家莱布尼茨提出使用"·"号
表示相乘，最终两种符号都被保留了下来。

最机智的是发明"÷"号的瑞士数学家哈纳。
在减号发明前，阿拉伯人曾用短线"—"
表示相除，
而奥特雷德曾试图用"："表示除法，
但没有成功推广。

哈纳在计算时需要表示除法，
于是他把两个符号结合，创造了"÷"号。

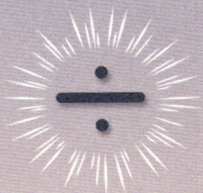

可以说，如今的数学符号，
是凝聚众多数学家的集体智慧、
经过不断改良迭代、
被送上全球化的列车，
才被世界所通用。

人类聪明地选择了
一种最高效的符号，
并以此为基础计算，
管理森罗万象。

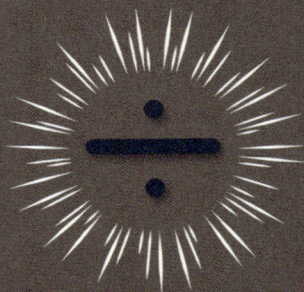

进入互联网社会后，每天会新增无数的符号，
社交媒体的广开言路让符号更加深入人心。

几乎所有的情绪
都可以用一个捂脸的表情来传达。

在这个时代，
你好像很难找到没有任何意义的符号，
包括无意义本身。

黄金分割是一场
世界级的数学骗局吗

黄金分割的概念在文艺圈极负盛名，
设计师通过具象化的作品
将黄金分割融入我们的生活。

你好，又是我！

从古典主义雕像
到苹果Logo，
都符合黄金分割比例。

三百年后，
欧几里得进一步系统论述和证明了
"黄金分割"的概念，并收录在《几何原本》中，
这本书成为世界上最早
有关"黄金分割"的学术论著。

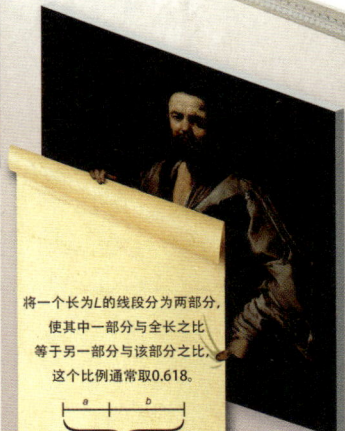

黄金分割最早在几何学领域被人发现。

公元前6世纪，
古希腊的毕达哥拉斯学派
将五角星形视作他们的派系标志，
表明毕达哥拉斯已熟知五角星形的
作法并掌握了黄金分割法。

将一个长为L的线段分为两部分，
使其中一部分与全长之比
等于另一部分与该部分之比，
这个比例通常取0.618。

$\frac{a}{b} = \frac{b}{l} = 0.618$

——欧几里得

1799年，马里奥·利维奥将自己
"黄金比例与审美观挂钩"的论调
直接嫁接至卢卡·帕乔利身上。

我不是，
我没有，
别瞎说。

因为卢卡·帕乔利所著
《神圣的比例》的插画
由其好友达·芬奇绘制，
当时的人便理所当然地
认为达·芬奇的画作运
用了黄金分割的原理。

黄金分割从几何领域抽离而出，
升格为大众熟知的美术概念，
这要归功于德国数学家阿道夫·蔡辛。

"宇宙之万物，
不论花草树木，还是飞禽走兽，
凡是符合黄金律的总是最美的形体。"

——阿道夫·蔡辛

阿道夫·蔡辛宣称黄金分割是具备普世性的法则，
无论是在艺术还是自然领域，都是最理想的比例；
在人类身体上寻找黄金分割的做法也是受其影响。

至 20 世纪，
超现实主义画家达利在创作
《圣礼最后的晚餐》的时候，
使用的画布就是一个黄金矩形。

同时黄金分割进入艺术史学家视野，
他们以黄金分割为理论工具
去分析历史上有名的艺术作品，
诸如巨石阵、帕特农神庙、沙特尔大教堂等，
黄金分割就此扎根艺术世界。

摘去艺术赋予的神圣光环，
黄金分割也频繁出现在我们的生活中。
山川草木、鸟兽鱼虫，
万物皆可找出属于自己的黄金分割。

但是比例值接近 0.618 即为黄金分割，
这样的结论并不科学。

《黄金分割：设计界最大的谣言》中指出，黄金分割在创作实践中并不具备现实指导意义，0.618只是人们对数学的误读。

传奇建筑师理查德·梅尔也坦言，在实际的建筑设计中，计算最大空间与分析建筑荷重比所谓的黄金分割要重要得多。

没救了。

在数学家眼里，黄金分割不过是艺术批评家们的一场集体意淫。

$$\lim_{x \to \infty} \frac{\pi(x)}{x/\ln(x)} = 1$$

人类生存于世，具备探求事物内在意义的欲望。对于缺乏数学知识的人来说，很少能够将数学原理应用于复杂场景中。

当周围充斥着黄金分割说法时，你会习惯用这套理论去解读事物，此时想要实现自我纠错是一件十分困难的事。

路呢？

当然黄金分割也并非毫无用处，
这套理论是设计师最容易理解的数学工具，
在设计中使用它并不奇怪，

但若将其上升为美学遵循的金科玉律，
那就陷入以偏概全的教条主义了。

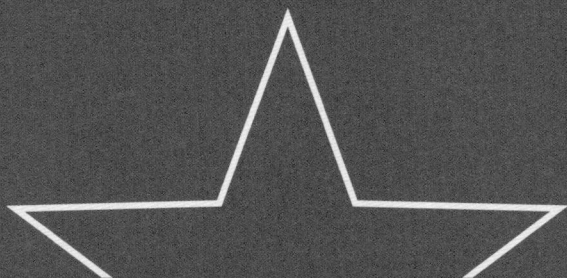

五角星如何横行
人类文明五千年

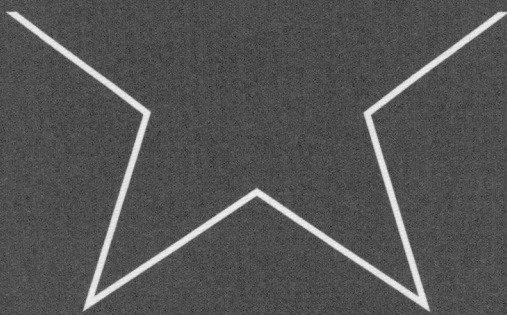

远远的街灯明了，
好像闪着无数的明星。
天上的明星现了，
好像点着无数的街灯。

当人类开始仰望星空，
距离我们揭开宇宙的终极奥秘
就只有一步之遥了。

有流星！快许愿！

地球生命用了40亿年的时间，
才意识到宇宙奥秘的存在，
满天繁星就是这片黑色海洋中闪耀的宝石。

人类先祖遇到的第一个问题是，
该用什么来表示这些悬挂在天幕上的星星呢？

天上的星星不说话！

在现代人的常识中，
五角星是最常用的代表星星的符号。

但现代人的常识同时告诉我们，
肉眼可见的星星都是圆润的球体，
为什么会用有棱有角的五角星来代表星星呢？

在望远镜出现之前，
人类观测星空全凭一双肉眼。

虽然常说"眼见为实"
但人眼本身不过是一个简单的光学结构，
晶状体就相当于相机的镜头。

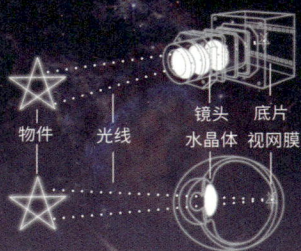

物件　光线　镜头　底片
　　　　　　水晶体　视网膜

然而人类的晶状体并不晶莹无瑕，
它的表面有许多复杂纹理，
光线穿过这样的晶状体时会发生衍射，
造成某种程度的衍射星芒。

这就是人类最古老的
星星符号都带有星芒的原因。

事实上，即使用现代的观测工具观测星空，
衍射现象也无法避免，
因此在现代用天文望远镜拍摄的星图中
依然能见到星芒。

然而，星芒各种各样，
为什么偏偏五角星成了星星的正版代言人呢？

为什么是我呢？

一个可信的传说是，

古代天文学家以"地心说"观点观测金星，

发现金星每八年的轨迹，

正是围绕着地球在画五角形。

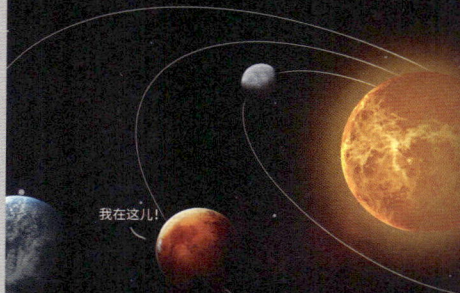

我在这儿！

但这依然难以解释
五角星是怎么深入人类的生活的。

首要的原因可能意外地简单——好画。

笔尖都不用离开纸面，
一笔五画就可以画出一个五角星，
是人类最早学会画的复杂图形。

在距今五千年的良渚文化和美索不达米亚的遗址中，
就发现了最古老的五角星图案。

完成了！

大哥画得妙啊！

好画意味着利于传播，
因此五角星符号才能流传在世界各地的人类文明中。

一闪一闪亮晶晶，

满天都是小星星。

五角星不仅具备芒星的对称美，
它的身上还藏着精致的数学美：黄金分割比。

黄金分割点的比例约等于 0.618：1，
五角星中所有线段的交点，
都恰好完美地处于
黄金分割点上。

$$y = \frac{1+\sqrt{5}}{2} = 1.618\ldots$$

如此神奇的巧合
让人不禁怀疑，
莫非五角星是上帝留下的自然标记？

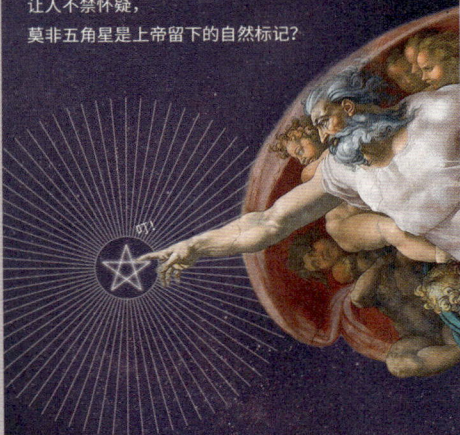

这赋予了五角星独特的神秘感，
而直观来看，
五角星也是最类似人形的多边形，
这让五角星成为自然崇拜的符号。

在神秘学中，
尖角向上的五角星
代表着"生命"和"健康"。

中世纪炼金术士绘制的
人体小宇宙模型，
外部的圆圈代表宇宙，
内部绘有一名裸体男性，
头部、双手和双足
各对应五角星的五个角。

巴比伦文明代表神明名讳的七个印章中，
第一个神圣的印章就是五角星，
古巴比伦甚至把它绘制在食物容器上，
认为这样可以保鲜。

在东方的阴阳五行里面，
五行相克的连线刚好是五角星，
相生的连线则外接五角星的五个锐角。

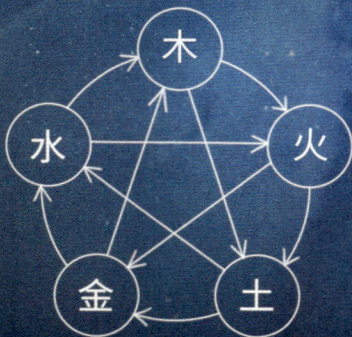

木

水　火

金　土

由于五角星可以一笔画出，
因此古人也迷信它可以防止恶魔的侵犯，
其线条的五个交会点便是可以封闭恶魔的"门"。

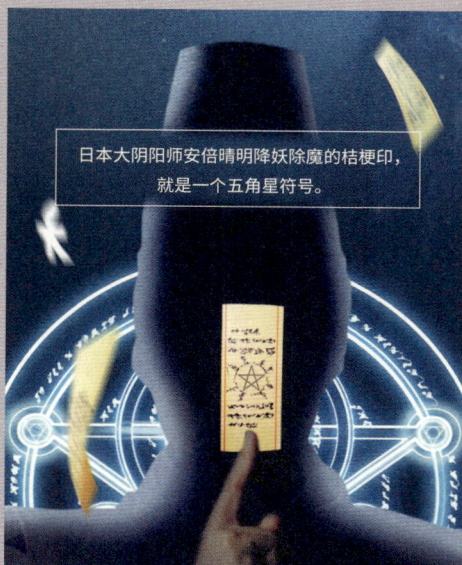

日本大阴阳师安倍晴明降妖除魔的桔梗印，
就是一个五角星符号。

由于五角星代表着生命力，
又能封印恶魔，
渐渐地被赋予了"胜利"的内涵。

在近代战争中，
五角星渐渐走上了军服、军帽和军衔。

1944 年 12 月，
美国为表彰在"二战"中做出杰出贡献的将军，
设立了五星上将军衔，
从此五颗五角星便象征着权势的巅峰。

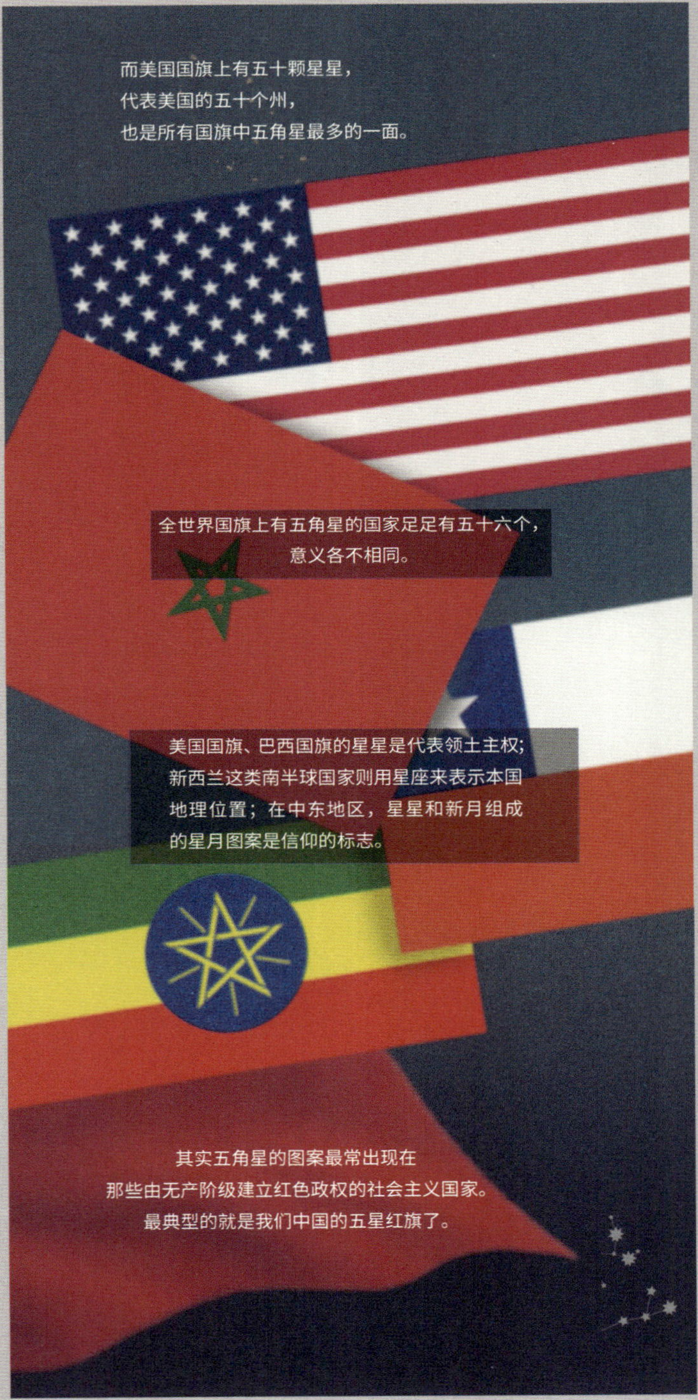

而美国国旗上有五十颗星星，
代表美国的五十个州，
也是所有国旗中五角星最多的一面。

全世界国旗上有五角星的国家足足有五十六个，
意义各不相同。

美国国旗、巴西国旗的星星是代表领土主权；
新西兰这类南半球国家则用星座来表示本国
地理位置；在中东地区，星星和新月组成
的星月图案是信仰的标志。

其实五角星的图案最常出现在
那些由无产阶级建立红色政权的社会主义国家。
最典型的就是我们中国的五星红旗了。

时至今日，
五角星早已从神秘学、军事和政治中走出，
成为再常见不过的日常符号。

这些来自久远时空的恒星的光一直都很亮，
只是人类抬头仰望的次数越来越少。

品牌 logo 中的五角星
代表着小资与品位；
服饰衣帽上的五角星图案
代表着时尚与潮流；
五角星的含义被不断延伸、重构。

爸比，你会唱小星星吗？

人们到处使用五角星，
赋予它新的意义，
渐渐忘记了，
这个代表星辰的符号
本源于先祖的一次仰望星空。

当你为错过太阳而哭泣的时候，
你也要再错过群星了。
——泰戈尔

让人**长胖**的真凶
竟然是水果

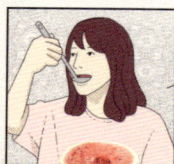

啊，她们的身材、
气质真好，
我一定要减肥，
变得跟她们一样！

停住！如果想减肥，
就不能吃西瓜，
糖分太多。

不！西瓜含糖多
是一个经典误区，
完全可以吃。

懵了。

减肥的人，到底能不能吃**西瓜**？

想弄清楚这个问题，
首先要知道是什么
让你胖起来的？

——脂肪、碳水化合物。

要考的！

XXXX年期末试卷

水果里最主要的碳水化合物，
就是三大类糖：

蔗糖、果糖、葡萄糖。

糖吃越多，肥肉越多，简单好记。

≈

然而，

这三大类糖的甜度并不一样。

我们以**蔗糖**的甜度作为基准，记为1，
那么**葡萄糖**的甜度是0.75，
果糖则是1.75。

果糖

蔗糖

葡萄糖

1

1.75

0.75

不难看出，同样的含糖量，
果糖占比高的水果明显更甜。

知识点，要考的！

吃着甜的，不一定糖多，
吃着不甜的，不一定糖少。

有那么
神奇吗？

现在我们拿出三种水果：
西瓜、猕猴桃、山楂。

取相同重量的果肉，
你觉得哪种水果的
含糖量最高呢？

当然是西瓜！

答案当然是最甜的西瓜

——含糖量最低。
而最酸的山楂含糖量最高。

啊？

同样是100克果肉，
国产西瓜的
含糖量约为5.5克，
热量约为105焦耳。

没想到吧！
而山楂含糖量
约为16.67克，
热量约为444焦耳。

如果你只相信自己的味觉，
选择了吃很多的山楂，
那你最可能变成一个很酸的胖子。

山楂树下山楂果，
山楂树下只有我。

还有我呢！

西瓜这个大家伙，
健康人可以放心吃。

那我不客气了！

也不能这样吃啊！

许多我们熟悉的水果，
都不能凭感觉估测它们的糖分和热量。

有些家伙尝着不甜，
热量却不低。

除了山楂，
类似的还有**石榴**，
含糖量约为13.67克，
热量约为347焦耳。

甜度不胜酸度，
沉醉糖里，不知归路。

少吃点。

有的水果不太正经，
脂肪含量极高。

牛油果，
含脂肪14.66克，
热量约为670焦耳。

椰子，含脂肪12.1克，
热量约为1009焦耳。
活脱脱是在吃猪腿肉。

这些**不甜却长肉**的，
绝对是你减肥路上的大坑。

吃不甜的不就行了！

知识点忘了吗？

有些常见水果，
酸甜浓淡各异，
糖分和热量却相当接近。

你们有没有闻到奇怪的味道？

猕猴桃，
含糖量约为8.99克，
热量约为243焦耳。

没有。**苹果**，
含糖量约为10.39克，
热量约为218焦耳。

好像有……

橘子，
含糖量约为10.58克，
热量约为222焦耳。

单看热量不高不低，
但富含矿物质和维生素，营养全面。

还有那么一些水果，
又甜又长肉，
凭感觉也大致猜到要少吃。

是不是
有什么味道？

是臭味吗？

香蕉，
含糖量约为12.23克，
热量约为373焦耳。

好臭！好臭！好臭！

鲜枣，
含糖量约为28.6克，
热量约为511焦耳。

我不是，我没有，别瞎说。

榴梿，
含糖量约为23.3克，
热量约为615焦耳。

两根香蕉的热量
就相当于一大碗饭了，
可别拿水果不当主食。

≈

那有没有既美味可口，
又热量低的肥肥克星？

当然有！

梨，含糖量约为7.05克，
热量约为176焦耳，
甜美、健康。

虽然甜，但我热量少。

哈密瓜，
含糖量约为7.86克，
热量约为142焦耳，
就算甜到齁死，
也还是低热量。

杧果，含糖量约为7克，
热量约为134焦耳，
放在碗里直接吃是低热量，
放到奶茶杯里
就只是欺骗自己。

我要吃杧果！

你那是吃杧果吗？
你是馋奶茶！

草莓,
含糖量约为4.89克,
热量约为134焦耳。
它的低热量只存在于
没有被拿去做奶昔、做蛋糕、
做各种加了蔗糖的点心,
仅仅是吃水果这件事上。

只能吃草莓。

给我个机会,
我想做个简单的水果。

木瓜,
含糖量约为7.82克,
热量约为126焦耳。
它只是水果,
想丰胸的请放过它吧。

只要你不吃,就不会有热量!

杨梅, 含糖量约为5.7克,
热量约为117焦耳。
解锁"望梅止渴"的
食用方法后,
可获得0糖0热量的
最强隐藏属性。

西瓜, 含糖量约为5.5克,
热量约为105焦耳。
它是夏天的王者水果,
甜度取决于保不保熟。

这瓜保熟吗?

最后还有减肥绝杀必备食物——
西红柿, 含糖量约为2.63克,
热量约为75焦耳。
如果你不纠结
它究竟算蔬菜还是水果的话。

就吃它了!

但是,想减肥,
光有质还不够,
量也不能过度。

活着好累……

根据《中国居民膳食指南》的建议，
每天吃200～350g的新鲜水果
是最合适的。

这大致相当于

1个大西红柿

1/2个木瓜

10~17颗草莓

两瓣西瓜——
所以拿勺子挖整个西瓜吃
还是会摄入过多的糖分

两个小苹果或者橘子

3~5个小杧果

拿小个头的水果灵活组队
也不失为一个小妙招，
毕竟除了热量，
还要兼顾营养和口味。

最后还有一件事，
想减肥，吃水果！
不要喝果汁，不要喝果汁，
不要喝果汁！
自己手打果汁不如直接吃。

纤维素流失，
糖分高度集中，
还不容易喝饱，
不知不觉中就猛喝糖水。

人生好艰难……

减肥，真的很艰难。

吃口西瓜
冷静一下！

图书在版编目（CIP）数据

万物有问题：较高端人类的奇怪知识 / 较高端人类

著绘. —— 北京：北京日报出版社，2022.1

ISBN 978-7-5477-3415-5

Ⅰ.①万… Ⅱ.①较… Ⅲ.①科学知识 – 普及读物

Ⅳ.①Z228

中国版本图书馆CIP数据核字(2021)第038199号

万物有问题：较高端人类的奇怪知识

责任编辑：	史　琴	
助理编辑：	秦　姚	
著　　绘：	较高端人类	
监　　制：	黄　利　万　夏	
特约编辑：	路思维　徐冰欣	
营销支持：	曹莉丽	
装帧设计：	紫图装帧	
出版发行：	北京日报出版社	
地　　址：	北京市东城区东单三条8–16号东方广场东配楼四层	
邮　　编：	100005	
电　　话：	发行部：（010）65255876	
	总编室：（010）65252135	
印　　刷：	艺堂印刷（天津）有限公司	
经　　销：	各地新华书店	
版　　次：	2022年1月第1版	
	2022年1月第1次印刷	
开　　本：	880毫米×1230毫米　1/32	
印　　张：	7.25	
字　　数：	190千字	
定　　价：	59.90元	

上架建议：畅销·科普

ISBN 978-7-5477-3415-5

9 787547 734155 >

定价：59.90元